大厨请到家

拉花咖啡 1

都基成 主编

U0209104

译林出版社

目录

Chapter 1

你不可不知的

咖啡常识

在咖啡风靡全球的今天,
它已不单单是一种饮料,
其深厚的文化与发展背景已经让其成为人类精神世界的一部分。
从咖啡出现的第一天起,
它就在不断启发人类进行思考。
当你进入咖啡的神奇世界,
便会迫不及待地想要了解有关它的一切。

咖啡的传播旅程

数百年来，咖啡用一种最沉默的温柔，孕育出最浓郁的芳香，过滤出最典雅的气质，营造出最优雅的格调。咖啡的发展历史就是一部瑰丽的文化史诗：土耳其大兵让咖啡传入欧洲；维也纳人把品尝咖啡变成哲学、文学和心理学；巴黎人将咖啡喝成一种浪漫；在德国人的眼中，喝咖啡是一种思考的方式……但，咖啡的世界之旅，却并非是一个"浪漫"的过程！

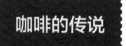

关于人类最早发现咖啡的历史没有文字记载，留存于世的只有各种各样的传说。但是大众还是愿意相信这些传说，毕竟这为人们喜爱喝咖啡提供了一种合理的解释。虽然咖啡的实质作用来自于咖啡因，但既然古人为我们留下这么多传奇的故事，那我们有何理由不笑纳呢？

牧羊人的故事

咖啡树最早是在埃塞俄比亚的喀法（Kaffa）地区被发现的。公元17世纪，罗马语言学家罗士德奈洛伊在他的书中记载了这样一个故事：大约在公元6世纪时，埃塞俄比亚有一个叫"喀法"的小村庄，村子里有一个叫卡尔蒂的小牧羊人。有一阵，卡尔蒂注意到他的羊群在吃了一种树上掉下来的红色浆果之后就变得活蹦乱跳，而且在很长时间内精力充沛，不肯回到羊圈。他把这件事告诉了当地的牧师。牧师们尝试用这种浆果的核煮水喝，以保持精神抖擞，能够日夜不停地祷告。后来，武士们也开始饮用这种水，让自己在战场上保持长时间的战斗能力和充沛的体力。

正是由于咖啡的这种神奇作用深深吸引着人们，使得它成为了风靡世界、最受人欢迎的一种饮料。

阿拉伯酋长的故事

1258年，阿拉伯酋长雪克欧玛尔因犯罪而被族人驱逐出境，当他流浪到瓦萨巴时，已经筋疲力尽，饥肠辘辘，实在走不动了。

当他坐在树下休息时，看到一只小鸟飞来，啄食了枝头上的果实，然后

就欢快地上蹿下跳，还扯开喉咙歌唱。酋长从未听过如此美妙的鸟鸣声，都有点沉醉了。

他发现小鸟吃了树上的果实后，不但没有被毒死，反而精力更充沛了，好奇之余，就摘了一些下来，放入锅中加水煮。煮过的水竟散发出浓郁的香味，饮用起来味道奇佳，饥饿感顿时去了大半，疲惫的身心也为之一振。于是他摘下许多这种神奇的果实，凡是遇到病人便熬成汤给他们喝。由于他四处行善，而且效果显著，最后声名远播，连族人都知道了他的事迹，于是原谅了他的罪行，让他回到故乡摩卡，并推崇他为"圣者"。

他的这一发现最终为全世界的人们带来了美好的咖啡享受。

法国海军军官的故事

在 1720 年～1723 年，法国海军军官加布里·埃尔·马提厄·德·克利奉命到马提尼克岛（Martinique）驻扎。在离开巴黎去上任之前，他设法得到了一些咖啡树苗，决定把它们带到马提尼克岛去。他把树苗精心保存在甲板上一个带孔的玻璃箱内。玻璃箱不但能够防止海水冲溅到咖啡树苗上，而且还起到保温的作用。根据德·克利的日记记载，他所乘坐的船多次遭遇海盗和暴风雨的袭击。船上还有一个人因为嫉妒他而企图破坏他的咖啡树苗，在一次争斗中甚至折断一根枝条。最后还因为船只搁浅，淡水不足，他只得用自己仅有的一点饮用水来浇灌咖啡树苗。在经历无数的磨难之后，德·克利终于成功地保护了这几棵咖啡树苗。

德·克利最终安全抵达马提尼克岛。他把咖啡树种了下来，还在树的周围种上荆棘灌木，并派人日夜看护。小树最后终于生根发芽，开花结果，并于 1726 年获得首次丰收。据说到了 1777 年，在马提尼克岛已有约 188 万棵咖啡树。有些咖啡还被运往海地、圣多明戈和瓜德罗普。不过，德·克利没能活着看到这一成就，1724 年 11 月 30 日，他在巴黎逝世。他的有生之年并不富有，但很受人敬仰。1918 年，人们在马提尼克岛的福特（Fort）植物园建了一座纪念碑来纪念他。

实际上除了加布里·埃尔·马提厄·德·克利上校，还有很多人冒着生命危险把咖啡树苗或咖啡树种传播到了全世界适合种植咖啡的地方。其中除了巨大的经济利益的驱使之外，也有一些是被流放的人为了获得政府对自己的赦免而选择做这件事。当然，其结果都是为本国政府赢得了更大的经济利益。

咖啡的传播对后来咖啡种植的普及起了重大的推动作用。咖啡种植业甚至成为某些地区和国家一项重要的经济来源。毕竟喝咖啡的人很多，对咖啡的需求量很大。随着生活水平的提高，人们对咖啡品质的要求也越来越高。现在只要是好的咖啡，就不用担心卖不出去，因此众多贸易公司一直在世界各地寻找优质咖啡。

发源于埃塞俄比亚

埃塞俄比亚的"喀法"，过去只是一个小村子，现在已经发展成了一个地区。该地区就是世界上最早发现咖啡的地方。很多地方的咖啡树都是从这里辗转移植过去的。

现在，该地区仍然有五千多种咖啡树种，其中绝大多数还未被世人所了解。好在这些咖啡树品种都被埃塞俄比亚政府保护起来了。将来还有更多咖啡树种被发现，世界上会产生更多的咖啡品种。

了解埃塞俄比亚地理的人都知道，这是一个由许多高山组成的国家。两个站在不同山头的人距离近得完全可以面对面说话，但是如果要走到一起则需要步行数十千米的距离。这种地域完全不适合人工种植咖啡树，所以到现在为止，该国的咖啡树大多是野生的。这些天然咖啡口碑一直不错，卖相也很好。2005 年，由于埃塞俄比亚喀法地区的咖啡豆品质相当不错，该地区当年所产的全部咖啡豆被一家德国公司收购了。当地一位咖啡农因此非常兴奋，煮了很多咖啡请他的邻人来喝，之后还盛了一些咖啡给他的牛喝。可见那里的生活是多么与世无争，悠闲自在。

传入阿拉伯半岛

公元 525 年，埃塞俄比亚人入侵阿拉伯半岛的南端，并统治也门达半个世纪之久。咖啡也因此传入了也门。

在这以后漫长的几个世纪中，咖啡在阿拉伯半岛一直作为伊斯兰教徒提神醒脑、补充精力的饮品或是具有特殊疗效的医治疾病的药饮。当时的阿拉伯帝国非常强盛，甚至将其扩张目标指向了欧洲。由于对咖啡的大量需求，同时为了提高咖啡的品质，该地区最早开始人工种植咖啡树。后来，人们制作咖啡的技术也日趋完善。在 15 世纪前后，咖啡已作为一种大众饮料在普通人中广为传播。咖啡在阿拉伯半岛成为大众喜欢的饮品后，被去往圣地麦加朝圣的伊斯兰教徒们带回家乡，开始在各阿拉伯国家迅速传播，并被陆续传播到了土耳其和波斯等地区，广受当地人的欢迎。

在 16 世纪末，许多欧洲旅行者中口头流传着阿拉伯人饮用"由黑色种子做成的黑色蜜糖"的故事。这可以证实，当时的阿拉伯人已经知道如何烘焙并烹煮咖啡了。

远征欧洲

咖啡在中东古国，宛如《一千零一夜》里的传奇神话，是蒙了面纱的千面女郎，既能帮助人亲近神，又是冲洗忧伤的清泉。

从 15 世纪中叶起，奥斯曼土耳其帝国开始远征欧洲，其军队在行军的时候带着咖啡。即使经历长途跋涉，远离故土，土耳其人依然坚持随身携带咖啡，可见咖啡对土耳其人的重要性。而土耳其军队进入欧洲之后，即使不带粮食也要带着咖啡的主要原因是：欧洲没有适合种植咖啡树的地方，而且当时的欧洲根本没有咖啡。土耳其人嗜咖啡如命，所以才千里迢迢不辞辛劳从本国带着咖啡去欧洲。土耳其军队绝不是带着咖啡去欧洲贩卖，而是自己饮用。因为当时欧洲人还不知道咖啡，更不可能花钱去购买咖啡。

士兵行军作战非常劳累，众所周知，咖啡对减轻疲劳有非常强大而有效的作用，所以这也是土耳其军队在长途行军中要带着咖啡的根本原因。而在当时恶劣的环境下，不可能有奢侈的条件，只能采用最简陋、最省时的方法来制作咖啡。但是士兵们还是乐此不疲，即使在中途休息的短暂时间里，也要煮一杯咖啡来喝。

土耳其人喝咖啡，喝得慢条斯理，一般还要先加入香料，然后闻香，加上各式琳琅满目的咖啡壶具，充满天方夜谭式的风情。一杯加了丁香、豆蔻、

肉桂的阿拉伯咖啡，饮用时满室飘香，难怪阿拉伯人称赞它"麝香一般摄人心魂"了。

传统土耳其咖啡的做法，是使用浓黑的咖啡豆磨成细粉，连糖和冷水一起放入红铜质料像深勺一样的咖啡煮具里，以小火慢煮，经反复搅拌和加水，大约 20 分钟后，一小杯 50 毫升又香又浓的咖啡才算是大功告成。由于当地人喝咖啡是不过滤的，这一杯浓稠似高汤的咖啡倒在杯子里，不但表面上有黏黏的泡沫，杯底还有咖啡渣。在中东，受邀到别人家里喝咖啡，代表了主人最诚挚的敬意，因此客人除了要称赞咖啡的香醇外，还要切记即使喝得满嘴渣，也不能喝水，否则就暗示了咖啡不好喝。

为贵族平民所共享

1615 年，咖啡刚刚进入意大利时，许多神父认为咖啡是"魔鬼撒旦的杰作"，当教皇克雷蒙八世从温热的杯中啜下一口"魔鬼般"的浓黑浆液后，却情不自禁地赞叹道："为何撒旦的饮品如此美味！如果让异教徒独享美妙，岂不可悲，咱们给咖啡进行洗礼，让它成为上帝的饮料吧！"

咖啡最早进入欧洲市场是在意大利的威尼斯。起初，人们只把土耳其军队遗留下来的咖啡当作药卖到药店去。1615年，有云游的威尼斯商人带来消息：原来咖啡是可以饮用的。一时间，全欧洲都为之疯狂了，他们为它著书、写诗，甚至打仗，犹如维也纳谚语所说："欧洲人挡得住土耳其的弓刀，却挡不住土耳其的咖啡。"世界上最早的咖啡厅建立在伊斯坦布尔，欧洲最早的咖啡厅建立在意大利的威尼斯。之后，咖啡厅就迅速在欧洲各国流行起来。

在欧洲，不但平民爱喝咖啡，贵族也爱喝。咖啡的饮用方式分别从几个不同的途径发展起来，但一个基本的共同点就是对咖啡中渣滓的处理。很多人不喜欢咖啡渣，因此而努力寻求各种方法来去除它。现在我们见到的"法式压滤壶""虹吸壶"等都是法国人的发明，由此可见法国当时喝咖啡的风气之盛，有那么多人在想办法更好地享受咖啡！

如果说在欧洲贵族的生活中，咖啡就像茶一样是一个点缀，对平民百姓来说，喝咖啡倒成了一种廉价的享受生活的方式。当时人们去咖啡厅最简单也最重要的一个原因不是咖啡本身，而是咖啡厅里的火炉。早期在法国巴黎塞纳河畔已有很多咖啡厅，那些贫穷的大学生、教授、学者、艺术家、革命者，住所没有取暖设施，为了度过寒冷潮湿的冬天，只要购买一杯便宜的咖啡，就可以让他们在有火炉的咖啡厅里度过温暖的一天，同时还可以完成他们的学业或者是艺术作品。

当时正处于殖民时代。欧洲咖啡之风如此盛行，巨大的经济利益驱使殖民者在世界各地搜罗财宝的同时，也把咖啡带到了各个适合种植的国家和地区。尽管当时种植咖啡树的国家都有严格的禁令，禁止把可以成活的咖啡树或咖啡种带出国境，但是仍然有众多的殖民者在本国或相关国家政府的支持下，甘冒生命危险把咖啡树种或树苗带到了世界各地。就这样，咖啡之风吹遍了全世界。

在美国形成"苦役咖啡"

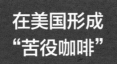

人们关于美国人喝咖啡的传统最多的说法就是"自由精神"，但却忽略了另外一种说法，那就是美国的"苦役咖啡"。

美国人的生活习惯来自欧洲移民，然而早期的欧洲移民并非是和平到达那里的，他们大多数都是苦役犯，只有少数是来自欧洲上层社会的殖民统治者。

饮茶是欧洲人的传统，但其费用是昂贵的。做苦役的人没有钱喝茶，他们在渴了、累了的时候只能喝咖啡。但是欧洲传统的咖啡太浓，喝多了会不舒服。为了能够解渴，也为了能省钱，那时的美国人就把咖啡泡得非常淡。

到现在为止，有些美式咖啡壶上储水槽的水量刻度还有两个不同的标准：大的那个是美国标准，小的那个则是欧洲标准。

"波士顿倾茶事件"是美国独立战争的导火线。当时殖民地政府对进口茶叶征收高额的关税，激怒了当地的商人。他们联合起来在波士顿举行了一次抗议活动，把大量的茶叶倾入大海。由于茶叶来源被截断，更多当地人转而喝咖啡，这也是美国人喝咖啡比喝茶多的历史原因之一。

美国独立战争之后，当地原本是苦役犯的人驱逐了殖民者，获得了国家主权。而美国人喝淡咖啡的习惯仍然被延续下来，形成了今天的传统。

演变为 意大利咖啡	意大利有一句名言："男人要像好咖啡，既强劲又充满热情！"名称为 Espresso 的意大利咖啡，浓稠滚烫好似地狱逃上来的魔鬼，每每一饮便叫人陷入其无可言喻的魅力中，难以忘怀。

起源

意大利是一个早期的殖民国家。在后来欧洲大兴殖民地的时候，意大利的殖民地大多已被新兴的殖民国家所掠夺。在欧洲咖啡之风最盛的时候，意大利人却没有条件获取好的咖啡豆，他们不得不利用当时所能获得的劣质咖啡，通过拼配的方式和改良制作工具来改进咖啡的口味。

据说正是因为这个原因，意大利人首先发明了摩卡壶，利用增加压力的原理来获取比普通滴滤式咖啡更浓的饮品。结果，咖啡浓度提高了，口味却仍然不佳。不过，意大利人可不甘心只喝劣质咖啡，于是继续发明咖啡制作工具，不断地改进拼配技术，以便提升咖啡的口味。

功夫不负有心人，在 20 世纪初，意大利人又发明了拉杆式咖啡机（另一说法是法国人发明了这种咖啡机，并把专利卖给了意大利人）。这种咖啡机可以制作出口感优良的咖啡，不过，如果没有 20 年的工夫，很难真正掌握这种机器的操作诀窍。因此，在当时的意大利，"咖啡师（Barista）"成为社会地位不高但却极为难得的工匠。

1946 年，第一台"泵式咖啡机"在意大利诞生了。通过电泵给水加压能较易稳定地获得制作咖啡所需的压力，因此意式咖啡在意大利市场流行起来。在这五六十年里，意式咖啡基本只限在意大利等少数几个南欧国家流行，而其他国家还保持着喝滴滤咖啡的传统。

在 1985 年以前，除了包括意大利在内的少数几个南欧国家之外，世界上其他国家和地区的人都很少接触意式咖啡，更谈不上喜欢。正如"二战"期间到过意大利的美国士兵说的那样，当时人们普遍认为意式咖啡"简直就是刷锅水"。但谁又能料到，美国人在 50 年后，亲自把意式咖啡引进到了自己的国家，继而将之传遍了全世界！

传播

意大利在衰落之后，不仅失去了曾经有过的众多殖民地，经济上也一直处于非常低迷的状态。这使 20 世纪的意大利人曾一度热衷于移民，以便能获得更好的生存环境和发展机会。有乘坐轮船去美国的，有去南美各国的，更多人去了澳大利亚和新西兰等国。这些意大利移民即便在这些国家生活了多年，依然对本国的咖啡念念不忘。于是，这些人想尽了各种办法把意式咖啡带到他们新生活开始的地方。

美国咖啡界专业人士在谈到在南美品咖啡的经验时，普遍认为南美咖啡的制作水准比美国高出许多。例如，美国人将卡布奇诺的制作方式进行了更改，以便适应美国人口味较淡的特点。但是，美国本土很多喜欢喝咖啡的人和专业的咖啡人士还是认为南美人制作的卡布奇诺更好喝。原因就在于南美的意大利移民较多，咖啡的制作保留了更多意大利的传统。

意大利移民在澳大利亚和新西兰的影响就更大了。二战之后，澳大利亚当局为欧洲移民提供了特殊的移民政策，在这段时间从南欧移民到澳大利亚的人非常多。这些新移民已经接触到了现代意义上的意式咖啡（1946 年发明泵式咖啡机后的时代），因此对意式咖啡的需求更强烈。特别是在 1956 年墨尔本奥运会期间，意大利移民团体引进了意式咖啡机，制作正宗的意式咖啡来接待意大利体育代表团。这是意式咖啡在澳大利亚发展的一个催化剂，从此以后，意式咖啡就在澳大利亚的意大利移民中被流传下来。

现状

　　意式咖啡在澳大利亚被流传到非意大利移民群体之中，并得到大范围的普及，已经是后来的事了：在墨尔本是在 20 世纪 80 年代后期，在悉尼是在 90 年代初期，而在珀斯、布里斯班等城市则是在 90 年代中后期才开始流传。与其他国家和地区不同，澳大利亚和新西兰是除意大利以外只在咖啡厅里销售意式咖啡和与意式咖啡相关的咖啡饮料的国家。也就是说，在这两个国家的咖啡厅，根本卖不出去滴滤咖啡。

　　澳大利亚和新西兰不但较早地把意式咖啡引进了自己的国家，而且还像在意大利本土咖啡市场一样，几乎把滴滤咖啡给排挤出去了。现在，除了在麦当劳和那些人数过多（数千人）的公共场所，所有咖啡厅里都已经找不到滴滤咖啡了。

　　但是，这两个国家的意式咖啡销售与意大利本国市场又不同：在意大利，添加牛奶的花式咖啡的销售只占所有咖啡销售量的 5%；而在澳大利亚和新西兰则占到了 98%。此外，澳大利亚和新西兰的人均咖啡机占有量仅次于意大利，每 850 人就有一台咖啡机。相比较而言，在美国每 20,000 人才有一台咖啡机。美国的咖啡厅有 40% 以上是连锁店，而在澳大利亚和新西兰，不到 6% 的咖啡厅属于不同的连锁店，而且加盟连锁咖啡厅并不能帮助提高意式咖啡的制作品质。

　　或许是因为早期拉杆式咖啡机的操作方法太难掌握了，或许是因为从来就没有人真正重视过意式咖啡的制作，浓缩咖啡机被发明后的很长一段时间内，意式咖啡的制作在意大利本土也仍然处于一种"工匠"和"手艺人"为主导的原始状态。咖啡师的经验都是一百多年来长期从事咖啡制作的家族企业所累积而来的，或者是一些"工匠"从实际工作中获得的。没有人对这些经验进行认真、系统的总结、分析和研究。当时，如果有人想要在意大利学习咖啡制作技术，最好的办法还是跟着"师傅"，辅佐他少则三五年，多则七八年、上十年。若这人确实有很高的悟性，或许有一天就可以制作出非常不错的意式咖啡。

　　直至 20 世纪末，为了界定一杯 Espresso 的质量标准和训练出更多优秀的咖啡师，国际咖啡鉴赏家协会、鉴赏家研究与培训中心，还有意大利两所大学共同展开合作，花了 3 年的时间，进行了大量的研究，于 1998 年 7 月 6 日成立了意大利国家意式特浓咖啡协会（L'Espresso Italiano），专门致力于保障和提升 Espresso 的品质，并规定必须遵守严格的技术标准，如：必须由不同产地的烘焙后的咖啡豆混合，制作 Espresso 时要现磨现做以保证 Espresso 中的感官特征。这些感官特征由科学的感官分析标准界定和控制，并且通过第三方机构的审核，如 TRUCILLO 培训中心等。这个第三方机构使用 ISO45011 标准，特别是 1999 年 9 月 24 日的质量认证标准第 214 条。主要包括以下 3 点：

❶ 使用通过认证的混合咖啡豆。

❷ 使用通过认证的设备（咖啡机和研磨机）。

❸ 雇用取得行业资格证书的人员。

除了要符合以上三个要求，还要受到来自意大利国家意式特浓咖啡协会和国际认证机构的监督。这样才能为顾客提供一份有着"意大利特浓咖啡（Espresso Italiano）"标志的咖啡。

而就目前的世界咖啡市场而言，真正流行的并不是意式咖啡，而是以意式咖啡为基础制作出来的各种花式咖啡，包括卡布奇诺、拿铁咖啡和美式摩卡咖啡等。真正了解纯正意式咖啡美味的人，少之又少！

咖啡的种类

　　什么是蓝山咖啡？什么是花式咖啡？名目繁多的咖啡名称是否已经让你眼花缭乱了？现在就从了解咖啡世界最基础的分类常识开始，认识不同种类的咖啡，伴着醇厚的咖啡香味，走进如梦如幻的咖啡世界。

按树种分

　　世界上种植最广泛的咖啡树种有三种，分别是阿拉比卡种咖啡树、罗巴斯塔种咖啡树和利比瑞卡种咖啡树三种。

阿拉比卡种（Arabica）咖啡

　　这是口味最好的种类，而不同的产地却会神奇地变化出不同的口味。阿拉比卡种咖啡树主要起源于也门的阿拉伯地区，因此得名 Arabica。此种咖啡树比较难栽种，它们喜欢温和的白日和较凉的夜晚，太冷、太热、太潮湿的气候都会对它们造成致命的打击。

　　阿拉比卡种咖啡树需要种在高海拔（1,000 米以上）的倾斜坡地上，并需要有更高的树来为它遮阴，例如香蕉树或可可树。这种咖啡树自然生长通常可达 4 ~ 6 米高，但是在人工种植的时候，就必须将树顶的枝叶剪下来，以免长得过高，难以采摘咖啡豆。阿拉比卡咖啡豆中的不同品种还有不同的特性，适合不同的土壤条件。有些品种适宜多种土壤种植，例如带有水果味道的"摩卡咖啡"、巴西的"波本咖啡"。阿拉比卡种咖啡树主要生长在中、南美洲，加勒比海沿岸、非洲东部、印度和巴布亚新几内亚。每棵树只能结 1 ~ 3 磅（0.453 ~ 1.359 千克）果实。但由于阿拉比卡种咖啡豆的香味奇佳，味道均衡，口味清香、柔和，果酸度高，而且咖啡因含量比较少，所以栽种量占全球咖啡树总栽种量的 70% 以上。

罗巴斯塔种（Kobusta）咖啡

　　罗巴斯塔种咖啡豆多数颗粒较小，形状大小不一，外观也不好看，这种咖啡的口味浓重苦涩，酸度较低，香味很淡，主要发源于刚果地区。罗巴斯塔种咖啡现存的品种不是太多。位于热带与亚热带之间海拔 1,000 米以上

的地区，天气非常凉爽，盛产阿拉比卡咖啡。而海拔更低的地区（海拔 600 米以下）则主要出产罗巴斯塔咖啡。与阿拉比卡咖啡不同的是，罗巴斯塔咖啡树多以野生状态生长，即使在恶劣的环境中也能生存。就算不为其遮阴、排水，它也能茁壮成长。碰上旱涝期，罗巴斯塔咖啡树比阿拉比卡咖啡树更容易存活。即使远离火山周围，甚至在平地附近的山坡上种植，罗巴斯塔咖啡树也能存活，只是这种咖啡比阿拉比卡咖啡味道更苦涩、香气更淡罢了。一般来说，罗巴斯塔咖啡树每棵的产量在 5 ～ 15 磅（2.265 ～ 6.795 千克），是阿拉比卡咖啡树产量的两倍多。罗巴斯塔咖啡豆的咖啡因含量也是阿拉比卡的两倍。近年来农业学家通过嫁接，将阿拉比卡种和罗巴斯塔种杂交为"阿拉布斯塔咖啡"，但只是外观相近，内在却不尽如人意。

罗巴斯塔种咖啡的主要生产地是刚果、萨伊、安哥拉、越南等国。罗巴斯塔种咖啡树耐高温、耐寒、耐湿、耐旱，甚至还耐霉菌侵扰。它的适应性极强，在平地就可生长得非常好，采收可以完全用震荡机器进行。这种咖啡豆多用作混合调配或制造速溶咖啡，其产量占世界总产量的 25% 左右，在国际市场中的售价较低。

利比瑞卡种（Liberica）咖啡

该种类的咖啡主要产自东南亚地区。其香味极苦而浓，但生命力强，产量高，一般的制作方法是焙炒后粉碎，加入白砂糖焙炒，使咖啡豆焦糖化，制作成焦糖化咖啡（当地人俗称"咖啡乌"），该地区的人经常饮用这种咖啡，但是要加入大量的糖和奶。

按地域分

市面上的咖啡主要为阿拉比卡与罗巴斯塔两个原种。由于广泛栽培，其各自又可再细分为更多的品种分支。市场上流通的咖啡豆多半以其产地来区分。以下列举出部分主要产地及其著名的咖啡。

咖啡主要产地的品种

巴西	山多士（Santos）、巴伊亚（Bahia）
秘鲁	查西马约（Chanchmayo）、库斯科（Cuzco）、诺特（Norte）、普诺（Puno）
刚果民主共和国	基伍（Kivu）、依图瑞（Ituri）
卢旺达	基伍（Kivu）
肯尼亚	肯尼亚 AA（Kenya AA）
印度	马拉巴（Malabar）、卡纳塔克（Karnataka）、特利切里（Tellichery）
也门	摩卡萨纳尼（Mocha Sanani）、玛塔利（Mattari）
印尼	爪哇（Java）、曼特宁（Mandheling）、安哥拉（Ankola）、麝香猫咖啡（Kopi Luwah）
墨西哥	科特佩（Coatepec）、瓦图司科（Huatusco）、奥里萨巴（Orizaba）、马拉戈日皮（Maragogype）、塔潘楚拉（Tapanchula）、维斯特拉（Huixtla）、普卢马科伊斯特派克（Pluma Coixtepec）、利基丹巴尔（Liquidambar MS）
巴拿马	博克特（Boquet）、博尔坎巴鲁咖啡（Café Volcan Baru）
乌干达	埃尔贡（Elgon）、布吉苏（Bugisu）、鲁文佐里（Ruwensori）
赞比亚	卡萨马（Kasama）、纳孔德（Nakonde）、伊索卡（Isoka）

多米尼加共和国	巴拉奥纳（Barahona）
萨尔瓦多	匹普（Pipil）、帕克马拉（Pacamara）
坦桑尼亚	乞力马扎罗（Kilimanjaro）
波多黎各	尧科特选（Yauco Selecto）、 大拉雷斯尧科咖啡（Grand Lares Yauco）
哥伦比亚	阿曼尼亚（Armenia Supremo）、 那玲珑（Narino）、麦德林（Medellin）
埃塞俄比亚	哈拉尔（Harrar）、季马（Djimmah）、 西达摩（Sidamo）、拉卡姆蒂（Lekempti）
危地马拉	安提瓜（Antigua）、薇薇特南果（Huehuetenango）
哥斯达黎加	多塔（Dota）、印地（Indio）、塔拉苏（Tarrazu）、 三河区（Tres Rios）
中国	云南思茅咖啡、海南咖啡、台湾古坑咖啡
古巴	图基诺（Turquino）
美国	夏威夷科纳（Kona）
牙买加	蓝山（Blue Mountain）
东帝汶	东帝汶（Maubbessee）
喀麦隆	巴米累克（Bamileke）、巴蒙（Bamoun）
布隆迪	恩戈齐（Ngozi）
安哥拉	安布里什（Ambriz）、安巴利姆（Amborm）、 新里东杜（Novo Redondo）
津巴布韦	奇平加（Chipinge）
莫桑比克	马尼卡（Manica）
厄瓜多尔	加拉帕戈斯（Galápagos）、希甘特（Gigante）
委内瑞拉	蒙蒂贝洛（Montebello）、米拉马尔（Miramar）、 格拉内扎（Granija）、阿拉格拉内扎（Ala granija）
尼加拉瓜	西诺特加（Jinotega）、新塞哥维亚（Nuevo Segovia）
越南	鼬鼠咖啡（Weasel Coffee）

十种经典名品咖啡

牙买加蓝山的王者风范，曼特宁咖啡的男人气概，危地马拉安提瓜的高贵优雅，埃塞俄比亚哈拉尔的淳朴天然，夏威夷科纳咖啡的清新美丽，也门摩卡的狂野百变……不可否认，每一种名品咖啡都有一种让人神魂颠倒的非凡魅力。

● 牙买加蓝山咖啡 / Jamaican Blue Mountain

就像汽车中的劳斯莱斯、手表中的劳力士一样，蓝山咖啡集所有好咖啡的品质于一身，成为咖啡世界中无可争议的至尊王者。

1494 年哥伦布第一次登上牙买加岛时，在他的航海日志里写下了这样的一段充满赞美的话语："这是一个清丽明澈的绿色岛屿，崇山峻岭直达天际，真是令人百看不厌。"

牙买加岛被加勒比海环绕，每当晴朗的日子，灿烂的阳光照射在海面上，远处的群山因为蔚蓝海水的折射而笼罩在一层淡淡幽幽的蓝色气氛中，显得缥缈空灵，颇具几分神秘色彩。蓝山山脉之所以有这样的美名，是因为从前抵达牙买加的英国士兵看到山峰笼罩着蓝色的光芒，便大呼："看啊，蓝色的山！"从此得名"蓝山"。

蓝山山脉绵亘于牙买加岛东部，是岛上地势最高的地区，最高峰蓝山峰海拔 2,256 米，空气清新，没有污染，终年多雨，有着得天独厚的肥沃的新火山土壤。最重要的是每天午后，云雾笼罩着整个山区，不仅为咖啡树天然遮阳，还可以带来丰沛的水汽。在这样仙境般的地方，才会产出这样的仙品，才会有令人仰望的传奇！

纯正的牙买加蓝山咖啡将咖啡中独特的酸、苦、甘、醇等味道完美地融合在一起，形成强烈的优雅气息，是其他任何咖啡都望尘莫及的。除此之外，优质新鲜的蓝山咖啡风味特别持久，香味较淡，但喝起来却非常醇厚、精致，喜爱蓝山咖啡的人称它是集所有好咖啡的优点于一身的"咖啡美人"。

很多人觉得"蓝山"太高。说"蓝山"太高，并不是说山高，而是指蓝山咖啡的种植高度太高。因为一般的阿拉比卡种咖啡在海拔 200 ~ 2,000 米的高度上都可以种植。而苛刻的咖啡发烧友坚持认为，只有在牙买加海拔 1,800 米以上的蓝山区域种植的咖啡才能叫"蓝山咖啡"。而该地海拔较低的山地所产的咖啡豆，因为品质不同只能被命名为"牙买加高山咖啡"。相比之下，气候类似的夏威夷、肯尼亚、新几内亚以及其他任何地方所产的咖啡豆，都不能产生蓝山咖啡豆的味道。

牙买加蓝山咖啡

产地
牙买加蓝山

颗粒
比较饱满

酸度
适中，浅度烘焙酸味更突出

均匀度
比较稳定

烘烤法
中度烘焙最能调和味道，但超出中度烘焙会破坏这种调和的味道

风味
香味十分浓郁，有持久的水果味

蓝山咖啡的价格也可谓够高，它通常超过普通咖啡，如哥伦比亚咖啡的十倍，甚至十几倍。蓝山咖啡按品质分为好几种，顶级的蓝山咖啡豆一般都不会进入流通市场，绝大部分被皇室和富豪预订了，而上市的是获得牙买加政府保证书的"蓝山"牌咖啡豆。

蓝山咖啡能保持今天的极品地位，也与当地政府的限产保质有关。牙买加并没有因为蓝山咖啡出名，就不顾质量大量生产，而是宁可牺牲产量，以品质优先。蓝山咖啡出口量不大，因此在国际市场上一直供不应求，即使在它的原产地也价格不菲，一袋4盎司（约120克）包装的蓝山咖啡在牙买加市场上售价近7美元。

那么"蓝山咖啡"究竟好在哪里？专家说："找不到缺点。"事实上，牙买加的咖啡种植业受到日本的资金支持，必要的时候，所有种植蓝山咖啡的种植农都可以获得日本人提供的资本贷款。蓝山咖啡从种植、采摘到清洗、脱壳等，每道工序都非常讲究，有着相当严格的制作标准。种植农全部采用人工采摘咖啡豆，使用最好的咖啡加工机械并定期对咖啡树进行维护，以保证一流的咖啡品质。为了保证咖啡在运输过程中的质量，牙买加是最后一个仍然使用传统木桶包装运输咖啡的国家。蓝山咖啡为了保持多年的口碑，更坚持宁缺毋滥的原则，能出现在市面上的咖啡豆，都是极品中的极品，这样的咖啡当然找不出什么缺点。

当然，日本人是不可能白提供资金给牙买加咖啡农的。他们拥有收购蓝山咖啡的优先权。据报告，2005年日本收购了90%的牙买加蓝山咖啡，其他国家加起来只占10%左右的份额。这恐怕也是牙买加的蓝山咖啡价格太高的关键原因。

其他国家的咖啡公司也有他们的办法。既然拿不到蓝山咖啡，就用其他咖啡豆来拼配出具有蓝山咖啡风味的咖啡。如此一来，只花费比普通咖啡价格高出50%的价格，就可以买到接近蓝山咖啡口味的咖啡，也算物美价廉了。

● 也门摩卡咖啡 / Yemen Mokha

如果说，在咖啡中蓝山可以称王的话，摩卡则可以称后了。它是世界上最古老的咖啡，采用最原始的生产方式。

摩卡咖啡拥有全世界最独特、最丰富、最令人着迷的复杂气味：红酒香、狂野味、干果味，蓝莓、葡萄、肉桂、烟草、甜香料、原木味，甚至巧克力味……如同一位百变的艳后，让万千咖啡迷为之神魂颠倒。

正宗的"摩卡咖啡"是世界上最古老的咖啡，只生产于阿拉伯半岛西南方的也门共和国，生长在海拔 900 ~ 2,400 米陡峭的山侧地带。距今 500 多年前，也门就以古老的方式生产咖啡。17 世纪初，也门咖啡经由古老的小港口摩卡港出口，率先被销售到欧洲，从而成为咖啡贸易的鼻祖。欧洲人惊叹咖啡的芬芳，把从摩卡港运来的美味咖啡称作"摩卡咖啡"，这就是"摩卡咖啡"称谓的由来。

也门是世界上第一个把咖啡作为农作物进行大规模生产的国度。时至今日，也门的咖啡种植农仍然使用与 500 年前相同的方法生产咖啡。一些咖啡农仍然使用动物（如骆驼、驴子）作为石磨动力来源，与那些使用先进机械设备大量处理咖啡豆的中南美洲国家，甚至咖啡历史短的肯尼亚相比，也门摩卡是咖啡世界仅存的活古迹。所以，你今天所喝到的也门摩卡咖啡，与数百年前那些欧洲贵族商人们在意大利威尼斯圣马可广场上欧陆最古老的咖啡馆里啜饮享受的"阿拉伯咖啡"，基本上并没有太大的差异。

深焙的也门摩卡咖啡时常显现巧克力般的苦甜韵味，以至今天加入巧克力酱调味的花式咖啡也被冠上"摩卡"一词。因此，当你看到"摩卡咖啡"四个字，它可能是纯种也门咖啡，也可能是邻国埃塞俄比亚咖啡，还可能是加入巧克力酱调味的花式咖啡。但是无论如何，对摩卡咖啡的超级爱好者而言，只有真正的也门咖啡，才够资格被称作"摩卡咖啡"。

也门咖啡在国际市场上的价格一直不低，这主要是因为也门咖啡在流行喝"土耳其"咖啡的国家和地区非常受欢迎。在沙特阿拉伯，也门摩卡备受宠爱，以至于那里的人们为即使质量不太高的摩卡咖啡付出昂贵的价格也心甘情愿。

也门摩卡咖啡

产地
也门

颗粒
饱满

酸度
微酸而后劲强，带有独特的甜味

均匀度
比较稳定

烘烤法
中度烘焙

风味
异国风味，略带酒香，辛辣刺激

这种对摩卡的特别的喜爱使得摩卡咖啡在世界咖啡市场价格一直居高不下。

● 危地马拉安提瓜 / Guatemala Antigua

危地马拉的咖啡均呈现温和、醇厚的整体质感，有优雅的香气，并带有类似果酸的特殊而愉悦的酸度，俨然成为咖啡中的贵族，其中安提瓜经典咖啡（Antigua Classic）就深获全球咖啡鉴赏家的推崇。

危地马拉地属高海拔的火山地形，而这些火山正是栽培咖啡树的最理想的场所，因此，危地马拉所产的咖啡属于世界顶级咖啡之一。

危地马拉共有七大咖啡产区，各产区所生产的咖啡风味各有不同。其中最有名的，当属安提瓜岛所产的咖啡了。安提瓜咖啡之所以受到绝大多数咖啡爱好者的追捧，只因为它那与众不同的香味。安提瓜咖啡具有丰富的丝绒般的醇度，浓郁而活泼的香气。当诱人的浓香在你的舌尖徘徊不去时，这其中隐含着一种难以言传的神秘。

危地马拉地理位置虽处于热带，但因海拔较高，气候比较温和，实属于亚热带气候。咖啡树在这种气候的影响下，开花和结果要比世界上其他地区的咖啡树晚。不过,温和的气候加上肥沃的土壤,造就了种植咖啡的绝佳环境。

现在的安提瓜岛（Antigua）是著名的咖啡产地,丰富的火山土壤,低湿度、低强度的太阳光和凉爽的晚风是安提瓜地区的特色。三座壮观的活火山阿瓜（Agua）、雅克提尼瓜（Acatenango）和富埃戈（Fuego）形成一条山谷美景。富埃戈活火山还不时地增添迷蒙的尘埃。每隔30年左右，安提瓜岛附近地区就要遭受一次火山爆发的侵袭，这给本来就富饶的土地提供更多的氮，而且充足的降雨和阳光使这个地方更适于种植咖啡树。

安提瓜岛的咖啡产于卡马那庄园，该处品质最佳的咖啡是爱尔普卡（EL Pulcal），它不仅质量好，而且如果拿来与其他拉丁美洲的咖啡作比较，这种咖啡可说是相当完整、层次丰富、令人咋舌的极品，如果与巧克力一起享用，将会有意想不到的感觉。最重要的是它的味道非常浓郁，口感很丰富，而且它有一种令人着迷的烟草味道，被人誉为"最完美的咖啡豆"。

危地马拉安提瓜

产地
危地马拉

颗粒
比较饱满

酸度
上等的酸味，带有绝妙的烟熏味道

均匀度
十分稳定

烘烤法
中度烘焙酸味和香味显著。中度烘焙和深度烘焙都能感受到其浓浓的香味

风味
酸味、浓香味堪称绝品，制作意式蒸馏咖啡，香气更为上乘

● 夏威夷科纳咖啡 / Hawaii Kona

科纳咖啡不像印度尼西亚咖啡那样醇厚，不像非洲咖啡那样酒味浓郁，更不像中南美洲咖啡那样粗犷，科纳咖啡就像夏威夷阳光微风中走来的沙滩女郎，清新自然，不温不火。

夏威夷产的科纳咖啡是最早在埃塞俄比亚高原生长的阿拉比卡咖啡树的后代，直到今天，科纳咖啡仍然延续着它高贵而古老的血统。从20世纪七八十年代开始，科纳咖啡树立了自己世界顶级咖啡的地位。其价格接近蓝山咖啡，是蓝山咖啡价格的70%～80%。

到今天，即使科纳咖啡已经蜚声世界，其产量依然保持在比较低的水平。

科纳地区的经济作物品种繁多，当地人完全不需要依赖咖啡来生存。有时人们甚至会因为咖啡的市场价格降低，橡胶的市场价格增长而砍掉咖啡树，转而种植橡胶。因此该地区的咖啡产量不但不增长，反而时有下降，一直保持很稀有的状态。

另外，夏威夷是一个世界旅游胜地，每年来这里的游客数不胜数。大多数的科纳咖啡被咖啡公司收购之后，直接在当地加工、烘焙、包装，并拿到旅游市场去销售给游客。因为跨过了众多的经营环节，当地咖啡公司和种植农没花什么力气就获得了大幅度的利润。也因为夏威夷当地直接的销售环境，现在市场里很少能够见到科纳咖啡。

夏威夷是夏威夷群岛中最大的一个岛屿，因此也叫作大岛（The Big Island）。科纳咖啡就出产于夏威夷科纳地区的西部和南部，咖啡树遍布于霍阿拉拉（Hualalai）和毛那洛亚（Mauna Loa）的山坡上，这里的海拔高度是150～750米，正好适合咖啡树的生长。

从19世纪早期，科纳咖啡就在科纳这些地方开始种植，并从未中断过，也只有这里出产的咖啡才能被叫作"夏威夷科纳"。咖啡树生长在火山山坡上，地理位置保证了咖啡生长所需的海拔高度；深色的火山灰土壤为咖啡的生长提供了所需的矿物质；气候条件十分适宜，早上的太阳光温柔地穿过充满水汽的空气，到了下午，山地就会变得更加潮湿而多雾，空中涌动的白云更是咖啡树天然的遮阳伞，而晚上又会变得晴朗而凉爽，但绝无霜降。适宜的自然条件使科纳咖啡的平均产量非常高，可以达到每平方千米22.4千克；而在拉丁美洲，咖啡每平方千米的产量只有6～9千克。

科纳咖啡豆是世界上外表最美的咖啡豆，它散发着饱满而诱人的光泽。科纳咖啡口味新鲜、清冽，有轻微的酸味，同时有浓郁的芳香，品尝后余味长久。最难得的是，科纳咖啡具有一种兼有葡萄酒香、水果香和香料的混合

夏威夷科纳咖啡
产地
夏威夷
颗粒
十分饱满
酸度
微酸
均匀度
比较稳定
烘烤法
中度烘焙和深度烘焙
风味
柔滑、浓香，具有诱人的水果香味

香味，就像这个火山群岛上五彩斑斓的色彩一样迷人。

科纳咖啡豆也经常与世界上其他地方出产的咖啡豆一起被用来制作混合咖啡，包装上会注明"科纳混合豆（Kona Blend）"，遗憾的是，这种混合豆中，科纳豆的含量可能非常低。在夏威夷可以使用"科纳"标签的混合豆中，科纳豆的最低含量标准为 10%。因此，如果你不是身处夏威夷的科纳，就很难拥有百分之百纯正的科纳咖啡豆。

● 肯尼亚 AA / Kenya AA

肯尼亚 AA 是罕见的好咖啡之一。她如同走出非洲的绝世美人，让世界为之惊艳。她带着她特有的清爽甜美的水果味，清新却不霸道，给人一次完整而神奇的味觉体验。

记得电影《走出非洲》的海报中：一个女人和一个男人坐在田地里，身旁是咖啡机，装在热水瓶里的咖啡⋯⋯非洲是个令人着迷的地方，这里出产的肯尼亚 AA 咖啡，如同这里的自然风光一样耐人寻味。

肯尼亚咖啡是欧洲最流行的咖啡之一，它有一种令人无法抗拒的芳香。纯正的肯尼亚咖啡喝起来有一股清爽甜美的水果风味，有时喝起来又像是黑醋栗或者黑莓的味道，而且有极佳的中等醇厚，有着酥脆而清爽的口感，风味清新且最适合夏天做冰咖啡来饮用。品尝这款咖啡时，如果搭配柚子之类带有酸度的水果，一定能给你最好的咖啡体验。

除了具有明显且迷人的水果酸，又因为肯尼亚咖啡大多来自小咖啡农场，被栽植在各种不同的环境中，每年遭逢不同的气候、降雨量时，肯尼亚咖啡会呈现各种鲜明又独特的个性。

以肯尼亚 AA 咖啡为例，2001 年时带有浓郁的乌梅香味，酸性不高，口感浓厚；2002 年则呈现出完全不同的风味，带有桑葚浆果与青梅味，伴着少许南洋香料的味道，喝完以后口中犹有绿茶的甘香，酸性较前年略提高，口感依然醇厚。这就是肯尼亚咖啡最独特的地方，总是以惊奇的口感让众多的咖啡迷充满期待与惊喜。正是这个原因，欧洲人喜爱肯尼亚的咖啡。在英国，肯尼亚咖啡甚至超过了哥斯达黎加的咖啡，成为最受欢迎的咖啡之一。

肯尼亚咖啡一般都被种植在海拔 500 ～ 2100 米的地方，每年收获 2 次。为了确保只有成熟的浆果被采摘，当地的咖啡农经常要在林间巡回检查大约 7 次。

肯尼亚咖啡一般由小耕农种植，他们收获咖啡后，一般先把新鲜的咖啡豆送到合作清洗站，由清洗站将洗过晒干的咖啡以"羊皮纸咖啡豆"的状态

肯尼亚 AA 咖啡

产地
肯尼亚

颗粒
饱满

酸度
均匀

均匀度
十分稳定

烘烤法
中度烘焙和深度烘焙

风味
口感丰富完美，具有诱人的水果香

送到合作社。所有原咖啡都被收集在一起，种植者根据其实际的质量按平均价格要价。这种买卖方法总体上运行良好，对种植者及消费者都公平。

肯尼亚政府对待咖啡产业是极其认真负责的，在这里，砍伐或毁坏咖啡树是非法的。肯尼亚咖啡的购买者均是世界级的优质咖啡购买商，也没有任何国家能像肯尼亚这样连续地种植、生产和销售咖啡。所有咖啡豆首先由肯尼亚咖啡委员会（**Coffee Board of Kenya**，简称 **CBK**）收购，在此进行鉴定、评级，然后在每周的拍卖会上出售，拍卖时不再分等。

肯尼亚咖啡委员会只起代理作用，收集咖啡样品，将样品分发给购买商，以便于他们判定价格和质量。内罗毕拍卖会是为私人出口商举行的，肯尼亚咖啡委员会付给种植者低于市场价的价格。等级最高的咖啡是豆形浆果咖啡（**PB**），然后是 **AA++**、**AA+**、**AA**、**AB** 等，依次排列。上等咖啡光泽鲜亮、味美可口且略带酒香。

● 印尼苏门答腊曼特宁 / Sumatran Mandheling

在蓝山咖啡还未被发现前，曼特宁曾被视为咖啡中的极品。曼特宁寓意着一种坚忍不拔和拿得起放得下的伟岸精神，它代表着一种阳刚，喝起来有种痛快淋漓、汪洋恣肆、纵横驰骋的风光，这种口味让男人们心驰神往。

就如同人类历史上的大英雄拿破仑一样，曼特宁咖啡豆虽然其貌不扬，甚至可以说是最丑陋的，但是，真正了解曼特宁的咖啡迷们都知道，苏门答腊咖啡豆越不好看，味道就越好、越醇、越滑。

曼特宁咖啡被认为是世界上最醇厚的咖啡，在品尝曼特宁的时候，你能在舌尖感觉明显的润滑，它同时又有较低的酸度，但是这种酸度也可被明显地品尝到，跳跃的微酸混合着最浓郁的香味，让你轻易就能体会到温和馥郁中的活泼因子。除此之外，这种咖啡还有一种淡淡的泥土芳香或者说是草本植物芳香。

曼特宁咖啡产自印度尼西亚的苏门答腊岛，它在亚洲最著名的咖啡产地马来群岛的三大岛屿（苏门答腊岛、爪哇岛、加里曼丹岛）所产的咖啡中，

苏门答腊曼特宁咖啡

产地
印尼

颗粒
十分饱满

酸度
微酸

均匀度
一般

烘烤法
中度烘焙

风味
厚重浓烈，含有糖浆味和巧克力味

最负有盛名。苏门答腊曼特宁的树种被种植在海拔 750 ~ 1500 米的山坡上，它的咖啡豆颗粒较大，豆质较硬，在栽种过程中很容易出现瑕疵，采收后通常要经过严格的人工挑选。如果管控过程不够严格，很容易造成品质良莠不齐，加上烘焙程度不同也会直接影响口感，因此成为争议较多的单品。曼特宁口味浓重，带有浓郁的醇度和馥郁而活泼的动感，不涩不酸，醇度、苦度可以表露无遗。

苏门答腊曼特宁咖啡有两个著名的品名："苏门答腊曼特宁 DP 一等"和"典藏苏门答腊曼特宁"。"苏门答腊曼特宁 DP 一等"余味长，有一种山野的芬芳，那是原始森林里特有的泥土味道。除了印尼咖啡特有的醇厚味道以外，还有一种苦中带甜的味道，有时还掺杂少许淡淡的霉味，深受喜欢喝深度烘焙咖啡的人士的喜爱。"典藏苏门答腊曼特宁"之所以被称为"典藏"，是因为它在出口前须在地窖中储藏三年。这种咖啡更浓郁，酸度会降低，但是醇度会上升，余味也会更悠长，还会带上浓浓的香料味道，有时是辛酸味，有时是胡桃味，有时是巧克力味。

曼特宁的醇厚，是一种很阳刚的感觉。在曼特宁咖啡面前，爪哇咖啡从来都不敢说自己的酸度和香味。曼特宁是敢于决斗的，很有美国西部牛仔的气概。

● 波多黎各尧科特选 / Pueto Rico Yauco Selecto

波多黎各尧科特选咖啡

产地
波多黎各

颗粒
饱满

酸度
微酸

均匀度
十分稳定

烘烤法
中度烘焙

风味
风味俱全，芳香浓郁

尧科特选咖啡与夏威夷的科纳咖啡、牙买加的蓝山咖啡齐名。长期以来，她如同一位色艺俱佳的世间尤物，不仅牢牢地控制住普通咖啡爱好者的味蕾，也被各国王室成员视为咖啡中的极品。

波多黎各由一连串错落的小岛组合而成，个个四季如春，花草丰茂。岛上承载着浓得化不开的南美风情，炽烈、爽朗、浓重、生机勃勃。北面的大西洋与南面的加勒比海为它带来了丰沛的降雨和凉爽的空气，与热带特有的阳光一起，催生出一批又一批浓密的雨林与形形色色的动物，造就出世界上著名的云盖雨林。就在这样的小岛上，种植着世界上最好的咖啡。而其中，最上乘的要属波多黎各尧科特选咖啡，它具有特殊的醇厚浓郁风味、如雪茄烟草般的熏香气息，狂野奔放又带甘甜的口感表露无遗。

在尧科地区，该咖啡归当地的种植园主拥有并经营。这里的山区气候温和，植物有较长的成熟期，土质为优良黏土。这里的人们一直采用一种保护生态、精耕细作的种植方法，只使用一些低毒的化肥和化学药剂，并采取混合作物种植措施，从而使土壤更加肥沃。到了采摘咖啡豆的时候，人们在咖啡树间穿行，只采摘完全成熟的咖啡豆，然后还要将它们放入滚筒式装置中洗 48 小时。

尧科特选咖啡在运售之前一直是带壳保存的，直到订货发运时才将外皮去掉，以确保咖啡的最佳新鲜度。在货物提交时，美国政府的相关工作人员，如 FDA 和 USEA，也会在场，他们在工作时监督生产者是否遵守了联邦法令。还有些来自地方鉴评委员会的工作人员，他们从每 50 袋中抽取 1 袋作为样品，并使用国际量器对其进行品质鉴定。

尧科特选咖啡是欧洲教廷指定的御用咖啡，并且是国际咖啡评鉴师公认的世界排名第三的咖啡。它长年来受到欧洲皇室与贵族的喜爱，许多国家的国王、皇后以及欧洲教廷在选用咖啡时，甚至只认尧科特选咖啡。最重要的是，在今天的一些著名咖啡馆里，如维也纳的中央咖啡馆，马德里、伦敦和巴黎的咖啡馆，都将尧科特选作为自己的招牌品牌。一位法国作家在品尝尧科特选咖啡后，不无动情地说："这是世界上最好的咖啡，如果法国没有尧科，那法国的咖啡馆也就没有存在的必要了。"

● 哥伦比亚特级 / Colombian Supremo San Agustin

无论是外观，还是品质，哥伦比亚特级都相当优良。拥有清淡香味的哥伦比亚特级，如同出身优越的大家闺秀，有着隐约的娇媚，迷人且恰到好处，让人心生爱慕。

多年来，哥伦比亚一直是产量仅次于巴西的第二大咖啡生产国。哥伦比亚所栽培的咖啡豆皆为阿拉比卡种，味道相当浓郁，品质、价格也很稳定。烘焙过的咖啡豆，更显得大且漂亮。哥伦比亚咖啡是世界上唯一使用国家的名字命名的咖啡。这也是一种最常见的咖啡，几乎所有咖啡厅里都能够找到它的身影。在所有的咖啡中，它的均衡度最好，经常被描述为具有丝一般柔滑的口感，可以随时饮用。因此，它获得了其他咖啡无法企及的赞誉——"绿色的金子"。

哥伦比亚咖啡分 200 多个档次，也就是说咖啡的区域性很强。该国的咖啡产区位于安第斯山脉，那里气候温和，空气潮湿。哥伦比亚有三条科迪耶拉山脉南北向纵贯，正好伸向安第斯山。沿着这些山脉的高地种植着咖啡，山阶提供了多样性气候，这里整年都是收获季节，在不同时期不同种类的咖啡豆相继成熟。而且幸运的是，哥伦比亚不像巴西，不必担心霜害。

这些漂亮的咖啡豆如同出身优越的大家闺秀，可以有教养地、姿态优雅地生长，让自己全身的每一个部位都富足而又自由自在地汲取天地之精华。

哥伦比亚特级咖啡

产地
哥伦比亚

颗粒
饱满

酸度
微酸

均匀度
十分稳定

烘烤法
中度到深度烘焙

风味
高均衡度，有时具有迷人的坚果味道

成熟以后的哥伦比亚咖啡豆在咖啡界也就有大家闺秀般的无瑕和雍容华贵的名声。冲煮出来的哥伦比亚咖啡的颜色像祖母绿、翡翠那样清澈透明；口味绵软、柔滑，均衡度极好，喝起来就让人不可抑制地产生一种温玉满怀的愉悦感觉，还带有一丝丝天然牧场上花草的味道。

哥伦比亚咖啡纯正的味道，除了得益于那些能为咖啡生长提供最有利条件的自然环境，还与当地的种植者辛勤的努力分不开。在哥伦比亚，咖啡的种植面积达到了 1.07 万平方千米，全国约有 30.2 万个咖啡园，30%～40%的农村人口的生活都直接依靠咖啡生产。当地人在咖啡树周围种上高大的乔木或香蕉树。幼苗期为咖啡树搭凉棚，以保证咖啡因和芳香物质的积累，因而咖啡质量很好。

与其他咖啡生产国相比，哥伦比亚更关心产品的开发和生产技术的提高。正是这一点，再加上其优越的地理条件和气候条件，使得哥伦比亚咖啡质优味美，誉满全球。

● 埃塞俄比亚哈拉尔 / Ethiopia Harrar

埃塞俄比亚哈拉尔咖啡被人们称为"旷野的咖啡"。一杯高品质的哈拉尔咖啡，仿佛旷野里淳朴的姑娘一样，拥有天然去雕饰的美丽，带给人从未有过的原始体验。

埃塞俄比亚被称为"咖啡的故乡"，这个位于非洲东北部的国家，地形以山地、高原为主。中西部的埃塞俄比亚高原占全国面积的 2/3，平均海拔 2500 多米，有"非洲屋脊"之称。

虽然这里是咖啡的故乡，拥有很多其他国家和地区所没有的咖啡树品种，但是由于地形的原因，这里的咖啡树都是野生的，无法实现人工种植。

在自然环境中长大的咖啡树，没有被使用过化肥，更没有被施用过农药，这里的咖啡永远是有机的"绿色咖啡"，只要不怕失眠，就可放心地享受。著名的哈拉尔咖啡，带有一种浓郁的葡萄酒的酸味，具有与任何一种咖啡都不同的独特风味，而且这种酸味喝起来口感很好，令人愉悦。遗憾的是，由于埃塞俄比亚的咖啡缺乏品牌商标且包装技术落后，这样一种人间美味竟然很少有人知道，更没有人了解过当地是否适合加工制作咖啡。

在埃塞俄比亚的每个角落，随时都举行着咖啡仪式。傍晚的时候，全家人围着一个小炭炉席地而坐。在炭炉周围的地上铺一层特意割来或买来的青草。这是一种特殊的专用于咖啡仪式的青草。小炭炉点着的时候，要特意拣出几块冒着浓烟的白炭，在屋里每一个角落都晃一遍，然后放在炉

哈拉尔咖啡

产地
埃塞俄比亚

颗粒
饱满

酸度
微酸

均匀度
十分稳定

烘烤法
中度和深度烘焙

风味
优质的阿拉伯风味，干香略带有葡萄酒的酸香，并带有奇妙的黑巧克力余味，醇度适宜，质感强烈

边让它自己燃尽或熄灭。这样，在一段时间内，整个屋子或庭院就笼罩在烟雾缭绕之中。

一杯埃塞俄比亚咖啡能带给你前所未有的原始体验。埃塞俄比亚拥有得天独厚的自然条件，适宜种植所有可以想象出来的咖啡品种。其中最著名的埃塞俄比亚哈拉尔咖啡有一种混合的风味，味道醇厚，有中度或轻度的酸度；最重要的是，它有几乎最低的咖啡因含量，大约1.13%；它又是一种特殊的咖啡，它的味道非常具有侵略性，随时准备战胜你的味蕾，让人难以忘记。

哈拉尔是一座历史悠久的古城，历史上曾经是埃塞俄比亚的首都，它也是伊斯兰教四大圣城之一。在交通工具不发达，特别是以马作为主要交通工具的时代，优质纯种马变成了人们追求及向往的目标，而那时埃塞俄比亚哈拉尔拥有世界上最好的阿拉伯血统的纯种马，因此他们认为"优质的咖啡就像纯种血统的马匹一样重要"。所以我们看到的哈拉尔咖啡豆的包装袋上至今还印有马匹的照片。

哈拉尔咖啡生长在从达罗勒布（Darolebu）平原海拔900米到埃塞俄比亚东部高地山脉谢赫谢赫（Chercher）海拔2700米范围内的地区。这些山脉使这些常年生长的咖啡豆具有独一无二的特征：果实饱满呈长条状，酸性适中，典型的摩卡爽口风味。哈拉尔咖啡是世界公认的优质咖啡，它口感绵润甜滑，给人以真正摩卡咖啡的丰富口感。

●厄瓜多尔加拉帕戈斯 / Ecuador Galápagos

如同神话中的海妖一样，厄瓜多尔加拉帕戈斯咖啡拥有着不可抗拒的魔力。神话中的海妖，用她的声音让人们意乱情迷；而加拉帕戈斯咖啡，则用其无与伦比的芳香，让人们心甘情愿地为之沉迷。

15世纪中期，在南美洲西部太平洋海面捕鱼的渔民中流传着一些关于被施过魔法的神秘岛屿的传说。据说那些岛屿有时可以在远处被清晰地看见，但当船开近了，反而又不见了；有时看起来像一艘大帆船，有时却显出女巫的形状。渔民们把这些岛屿叫作"着魔岛"，以为那里可能被类似《奥德赛》里的海中女妖一样的妖魔统治着。而这些被渔民称作"着魔岛"的岛屿就是今天的加拉帕戈斯群岛。

加拉帕戈斯群岛又称科隆岛，位于厄瓜多尔西海岸外约900多千米，西经90度的赤道附近，悬于烟波浩渺的太平洋中。厄瓜多尔的加拉帕戈斯群岛可以说是世界上最孤独、最美丽的群岛之一，被人称作"独特的活的生物进化博物馆和陈列室"。在这个世界上最美丽的岛屿上盛产着世界上最纯

**厄瓜多尔
加拉帕戈斯咖啡**

产地
厄瓜多尔加拉帕戈斯群岛

颗粒
比较饱满

酸度
微酸

均匀度
稳定

烘烤法
中度烘焙

风味
口感丰富，酸中略带甜味

正的咖啡。这种咖啡被人誉为咖啡中难得的珍品，质量极佳，它优异的品质缘于在种植时没有使用任何化学制剂。

厄瓜多尔是世界上海拔最高的阿拉比卡咖啡种植国。由于加拉帕戈斯群岛在历史进程中的独特作用，厄瓜多尔政府已把该群岛辟为国家公园，不再允许将土地开垦为新的农业用地，而且严禁引进和使用化肥、杀虫剂、除草剂和其他化学制剂，因此加拉帕戈斯群岛所产的咖啡被公认为天然产品。

加拉帕戈斯咖啡口味非常均衡清爽，还有一种独特的香味。加拉帕戈斯群岛得天独厚的地理条件赋予了咖啡豆优于其他产地咖啡豆的优秀基因，使得全世界的咖啡爱好者都无法拒绝如此美味的咖啡。并且，由于在厄瓜多尔适于咖啡树生长的土地正在逐渐减少，因此，加拉帕戈斯咖啡更显珍贵，被众多咖啡爱好者们称为"咖啡珍品"。

按制作方法分　　按照咖啡制作方法的不同，咖啡又可分为基础咖啡、花式咖啡、冰花式咖啡等多种形式，其中又可细分成多种特殊的咖啡品种。熟悉咖啡的制作方法，便能清楚如何品评每种咖啡的味道与形态。

基础咖啡（Classical Coffee）

基础咖啡是几乎不含任何配料，利用各种咖啡原料和咖啡制作工具直接做出来的咖啡饮料。

●阿拉伯咖啡

土耳其咖啡（Turkish Coffee）的研磨非常精细，要使用特殊的工具，因此通常都是在厂家直接研磨成粉包装起来的。阿拉伯咖啡则是直接在咖啡粉中添加了阿拉伯特有的一些香料，然后将其包装制成的咖啡。消费者打开包装后直接煮，这样煮出来的咖啡就带有香料的味道。喝的时候可以根据各人的口味加糖。

●滴滤咖啡（Coffee，Drip Coffee，Filter Coffee）

滴滤咖啡曾经最为流行，因此制作工具也很多。虽然各种工具制作出来的咖啡口味有不同的特点，但是大致相似。因此在咖啡厅里只需要根据使用的方便进行选择，而不必过多强调工具。滴滤咖啡包括单产地咖啡（Single Origin Coffee）、风味咖啡（Blended Coffee）和加味咖啡（Flavour-added Coffee）。

单产地咖啡是指使用某一地区出产的单一品种咖啡豆，通常选用上好等级咖啡豆制作的咖啡。

风味咖啡是指通常使用拼配的方法，加工出来的具有某一特定口味的咖啡。

加味咖啡是直接将某一口味的配料加工到咖啡豆内，制作出带该口味的咖啡饮料。

●意大利咖啡，意式浓缩咖啡（Espresso）

意大利咖啡就是使用专业意式咖啡机制作出来的口味非常浓郁、口感非常厚重，但是并不很苦的咖啡。有人误以为意式咖啡是非常苦的，其实这是错误的。真正的意式咖啡确实非常浓郁，口感厚重，但是苦味一点都不比滴滤咖啡重。反而由于其浓郁的香味，会更让人喜欢。意式咖啡虽然通常只使用一种拼配咖啡，但是也有不同的做法和喝法。包括（标准）意式咖啡（Espresso）、双份意式咖啡（Espresso Doppio）、特浓意式咖啡（Ristretto）和双份特浓意式咖啡（Ristretto Doppio）

这三种基础咖啡各具特点，主要是因为制作工具的不同。但是要特别注意的是，制作原理截然不同，也会使制作出来的咖啡有很大的区别。

基础咖啡对比表

咖啡名称	过滤与否	热水温度	热水压力
阿拉伯咖啡	否	高温	常压
滴滤咖啡	是	高温	常压
意式咖啡	是	高温	高压

花式咖啡（Flavoured Coffee）

花式咖啡就是在基础咖啡的基础上，添加各种配料配制出来的各种咖啡饮料。

●传统花式咖啡（标准花式咖啡）

传统花式咖啡（标准花式咖啡）具有固定的配方和制作方式，无论名称、配方和制作方式都是固定的，不能更改。例如卡布奇诺、拿铁咖啡、玛其朵咖啡、康宝蓝咖啡、美式咖啡、美式摩卡咖啡、皇家咖啡、爱尔兰咖啡等。

●非标准花式咖啡

非标准花式咖啡就是没有固定的配方和制作方式的花式咖啡，因为没有在很大范围内流行，所以非标准花式咖啡常常可以随意调整，只要自己觉得好喝就行，也不会引起其他的误解。例如多种口味或"变异"的卡布奇诺、拿铁咖啡、罗马咖啡、墨西哥咖啡、鸳鸯咖啡、抹茶咖啡、俄罗斯咖啡、香甜酒咖啡等等，都可以算是非标准花式咖啡。

冰花式咖啡（Iced Coffee）

冰花式咖啡与花式咖啡相同，只是被制作成冰饮。这一类咖啡饮料几乎没有固定的标准，因此都属于非标准花式咖啡。包括冰拿铁咖啡、冰摩卡咖啡、冰爱尔兰咖啡等。

制作咖啡的工具

一台精致实用的咖啡机，一套典雅的咖啡杯，是咖啡在人间温情的寓所，如同香车美人、宝剑英雄的绝配。用优质的咖啡器具加工绝好的咖啡豆，有咖啡陪伴的美好便由此开始。

咖啡机及其使用方法

咖啡因其制作方法的不同而口味各异，想要制作出属于自己的咖啡，首先应该了解每种咖啡机的使用方法。

法式压滤壶（French Press）

使用方法

❶ 在壶中加入适量咖啡粉。

❷ 加入适量热水。

❸ 把滤网架在杯子上面，不要压下去，摇动咖啡壶使咖啡粉与热水充分混合，静置3～5分钟，让咖啡粉基本沉入杯底。

❹ 把滤网压下去，咖啡渣即被压到壶底，咖啡就可以倒出来，加入糖和牛奶搅匀即可饮用。

注意事项

这里没有提到热水的温度，因为热水的来源不同，水温就会不同。热水的温度不

法式压滤壶

能太低，一般是 92 ～ 95℃，再以浸泡时间来适应水温的变化即可。

来源

据说是法国某工程师发明的。

备注说明

这是一种真正纯手工制作的咖啡机。在这个制作过程中，所有因素都是由制作者控制的，只要控制适当，就可以制作出非常完美的咖啡。

虹吸壶（Vacuum Pot）

使用方法

❶ 在底下的玻璃瓶内装入干净的水，可以使用热水。注意，一定要把玻璃瓶外的水珠擦拭干净，然后把上部的咖啡瓶装在底下盛水瓶的出口上，适当拧紧，以免漏气。

❷ 把酒精灯点燃，或用其他热源加热，在水接近沸腾之后即开始向上流入上面的咖啡瓶。

❸ 等水几乎都流入咖啡瓶后，加入咖啡粉充分搅拌。保持 30 ～ 60 秒的加热时间，然后撤掉酒精灯。由于没有热源，底部的玻璃瓶将失去压力，浸泡好的咖啡流回到下面的水瓶。把上面的瓶子摘去，就可以享受美味的咖啡了。可以添加牛奶和糖，增添风味。

由于烧杯内是密封的，水热之后就会散发出蒸汽。蒸汽因没有途径冒出，导致烧杯内压力增加。该压力迫使水通过管路，从低处流向高处。

注意事项

❶ 底下盛水的玻璃瓶的外壁一定要使用干布或者干纸巾擦拭干净，不能有一点水滴，否则在烧水的时候可能会因温度分布不均匀而爆裂。

虹吸壶

❷ 加入咖啡粉后一定要充分搅拌，以免咖啡粉堆积在一起而不能被充分浸泡。

❸ 在水全部流回到底下的水瓶之后，取下上面水瓶的时候不要拧，而要向相对的两侧摇动，即可以轻易取出。上面的水瓶很烫，取的时候要垫一块布，不可直接用手接触。

来源

法国工程师的杰作。

备注说明

有些人对这种咖啡制作工具有一种误解，以为这与摩卡壶相似，是制作传统意式咖啡的工具，然而事实并非如此。虽然这里的水从底部流到上面的原理与"摩卡壶"相同，但是在此过程中水并未开始与咖啡粉接触。热水是在进入上面的容器，压力已经完全消失之后才开始与咖啡粉接触，因此在咖啡粉的萃取过程中并没有任何压力，这样制作出来的还是普通的滴滤咖啡。

皇家比利时咖啡壶（Belgian Coffee Maker）

使用方法

❶ 在左侧玻璃瓶里放入适量咖啡粉。

❷ 在右侧金属瓶内放入所需的凉水，拧紧入水口密封盖。把虹吸管紧紧地固定在金属盖上的缺口，以免漏气，并让左侧的滤网尽可能在玻璃瓶的中间。抬起金属瓶，打开酒精灯，点燃。热水在接近沸腾之后，就会自动通过虹吸管从右侧的金属瓶流到左侧的玻璃瓶内。

❸ 在经过很短的浸泡时间后，酒精灯因为金属瓶内的水流入左侧玻璃瓶后抬起而熄灭，金属瓶的压力降低，热水在浸泡过咖啡粉之后又回流到金属瓶内。

皇家比利时咖啡壶

❹ 咖啡制作好后，可以通过金属瓶上的小水龙头放出咖啡饮用。

注意事项

咖啡制作好后不要等太长时间再饮用，以免咖啡温度降低，口味变差。

手工冲泡壶（Drip Filter）

使用方法

❶ 烧一壶热水，准备好原材料。

❷ 在滤网中加入适量咖啡粉，让咖啡粉均匀地分布在滤网里。

❸ 慢慢地把热水（可使用细嘴壶）均匀地浇在咖啡粉上，让热水均匀地透过咖啡粉滴入下面的咖啡壶。

❹ 直接饮用过滤好的咖啡即可，也可加入糖、牛奶调味。

注意事项

不要在局部浇太多水，以免其他地方的咖啡粉接触不到，或很少接触到热水。浸泡不均匀，萃取就不会均匀，咖啡的口味就比较淡。

来源

这是很原始的滴滤咖啡制作工具，目前还没有考证出是谁发明的。

备注说明

有人可能会以为这种被称为"手工冲泡"的方式就一定能泡出高品质的咖啡，然而并非如此。虽然其制作特点被称为是"手工"的，但是中间的某些步骤是较难控制的。例如在水浇入滤网之后，水就会在重力作用下滴下来，其速度只决定于咖啡粉的研磨细度，因此其制作品质与咖啡粉的研磨细度关系重大。

手工冲泡壶

电滴滤机（美式咖啡机，American Coffee Machine）

使用方法

❶ 在储水槽中加入所需的纯净凉水（一般都有杯量的刻度）。

❷ 装上滤网，如果不带滤网，需装入滤纸，然后加入适量较细研磨的咖啡粉。

❸ 打开咖啡机的开关，咖啡机将自动加热纯净水，开始制作咖啡，一般五六分钟即可完成。制作好的咖啡流入下面的咖啡壶内，就可以倒出来喝了。饮用时还可以添加糖、牛奶等材料。

咖啡杯的选择

选择咖啡杯的注意事项

有些人喜欢用透明的玻璃杯，倾进咖啡，并缀上奶油泡沫，而更多的人喜欢用圆润的瓷杯来品啜咖啡的香醇。其中，用高级瓷土混合动物骨粉烧制成的骨瓷，质地轻盈，色泽柔和，而且保温性高，最能留住咖啡的温热记忆。所以，当你准备在家里品味咖啡时，不妨遵照下面的原则来挑选合适的咖啡杯吧。

咖啡杯的内侧最好是纯白色的，但严禁使用陶质杯。咖啡杯的颜色和花色也有很多种，随自己的喜好挑选就可以了。尽量选择内侧为纯白色的杯子，这样能使咖啡的颜色更加美丽诱人。

咖啡杯和喝红茶的杯子相比，杯口更小且杯壁稍厚，这样可以防止咖啡冷却。咖啡杯的常规容量是 200 毫升左右，也可根据用途来选择不同大小的瓷杯。

意式咖啡用小咖啡杯，滴滤咖啡用大一点的咖啡杯。味道浓郁但量少的意式咖啡一般都使用 100 毫升以下的小咖啡杯，为了品尝意式咖啡的美味，应在温度降低之前喝完，因此要用小的咖啡杯。虽然感觉有点少，但徘徊不去的香醇余味和暖融融的温度，却最能温暖心情和肠胃。

冰咖啡大都使用配合气氛的玻璃杯，根据时间、地点和场合来选用。谈恋爱的时候要用大玻璃杯慢慢地喝，但如果希望调节气氛，也可以用葡萄酒杯或鸡尾酒杯，加入酒的冰咖啡尤为醉人。玻璃杯是透明的，这样既可以欣赏咖啡的琥珀色，又可以欣赏牛奶慢慢融入咖啡的样子。此外，根据杯子的大小来选取适量的冰块也很重要。如果杯子中都是冰块，咖啡马上就会变得如水般淡而无味了。

对咖啡厅来说，选用咖啡杯，就不应只图精致美观。不符合规格的咖啡杯根本无法使用。但现在大多数咖啡杯经销商并不了解规格及用途，不了解什么样的咖啡应该使用什么杯子。因此在购买的时候，首先要了解不同咖啡对杯子的规格要求，然后再来考虑它的外观是否美观。

各式咖啡杯

下面介绍的咖啡杯，都注明了适用的规格范围和应有的外形特征。

● 滴滤咖啡杯（For Drip Coffee）

使用说明 滴滤咖啡没有固定的杯量，杯子的选用对于容量的要求不是很高。欧洲与美国使用的标准不同，欧洲的滴滤咖啡较浓，杯子较小，一般只有120～150毫升；而美国的滴滤咖啡较淡，用的杯子较大，因此美国人常用欧洲人喝啤酒的杯子（马克杯）来喝咖啡。

滴滤咖啡杯

容量规格 150～300毫升

外形特征 杯壁较厚，有助于保温。

● 卡布奇诺咖啡杯（For Cappuccino）

使用说明 根据所选用的杯子容量，配制比例有所不同，因此咖啡口味也有所差别。

容量规格 167～204毫升

外形特征 杯壁很厚（既保温，也不显得咖啡太少），杯口不大，一般高度比直径要大一些。

卡布奇诺咖啡杯

● 意式咖啡杯（For Demitasse）

使用说明 意式咖啡的分量较小，所以不适合使用太大的咖啡杯。大的咖啡杯不仅看起来不美观，而且咖啡表面的油脂沫也容易粘在杯壁上，使顾客只能喝到很少的油脂沫。

容量规格 76～90毫升

外形特征 杯壁很厚（既保温，也不会显得咖啡太少），杯口不大，一般高度比直径要大一些。虽然有些意式咖啡杯比较矮，但是由于杯口往里收进去，所以杯口并不大。意大利人一般使用青瓷制作咖啡杯。

● 拿铁杯（For Caffe Latte）

使用说明 这是意大利传统使用的拿铁咖啡杯，如果担心烫手，可以选用带把手的直边玻璃杯，或带不锈钢套的玻璃杯。

容量规格 320 ~ 350 毫升

外形特征 直边玻璃杯（海波杯），杯底很厚，以免烫手。

● 爱尔兰咖啡杯（For Irish Coffee）

使用说明 爱尔兰咖啡杯都有固定的容量标准，可以根据杯子的容量来调整配制方式。

容量规格 这是一种专用杯，生产厂家会注明这个杯子的名称和用途。一般有两种，一种类似红酒杯子，但不完全相同；还有一种是低脚杯。

外形特征 杯壁都比较厚，杯脚比较粗。

● 皇家咖啡杯（For Royal Coffee）

使用说明 容量不宜太大，杯口也不宜太大，否则不便于架皇家咖啡勺。

容量规格 120 ~ 150 毫升

外形特征 外形美观，有皇家用具的感觉即可。

皇家咖啡杯

● 其他花式咖啡杯（For General Flavoured Coffee）

使用说明 现在有很多骨瓷杯，样式美观，使用的人比较多。通常用于非标准花式咖啡，样式没有固定标准，只要容量差距不大，不会在很大程度上改变咖啡的配制比例就可以。

容量规格 约为 200 毫升

外形特征 通常使用杯壁比较厚的咖啡杯，以便于保温。

花式咖啡杯

● 冰咖啡杯（For Iced Coffee）

使用说明 对不同的冰咖啡可以选用不同样式的杯子，以便于区别。一般没有特别要求，常用的有果汁杯、啤酒杯、水杯等。这些也都是酒吧常用的杯子。

容量规格 通常为 300 ~ 400 毫升，因为冰咖啡基本上属于冰饮范畴，杯量一般都比较大。

外形特征 一般没有特别要求。

冰咖啡杯

咖啡豆的研磨技巧

研磨咖啡是一个讲究细致和耐性的活儿。因为有了"研磨咖啡"这道工序，"研磨"成了一个时尚的词语。懂得咖啡的人都知道，要调制一杯美味的咖啡，研磨是非常重要的。

磨豆机的分类

研磨咖啡是在为咖啡热身，为了更好地保持咖啡的香味，人们通常是以咖啡豆的形式来保存咖啡的，尤其是在咖啡厅和其他专业服务场所。咖啡的研磨是制作咖啡饮料过程中的第一步，也是非常关键的步骤。如果咖啡的研磨工作没有做好，就无法制作出真正美味的咖啡饮料。

制作咖啡时，要尽可能地充分萃取出好的味道，把不好的味道留在咖啡渣中。但这是一个非常笼统的说法，要想真正做到，就需要通过一些具体的步骤来实现,其中最重要的一个步骤就是咖啡豆的研磨，下面介绍咖啡磨豆机。

家中最常用的咖啡磨豆机

家中最常用的磨豆机有两种，一种是手摇咖啡磨，另一种是刀片式磨豆机。手摇咖啡磨的优点是研磨粗细可调，缺点是速度非常慢，只能用于休闲时间。一般只适合在家里研磨滴滤咖啡。手摇咖啡磨的售价从几十元到数百元不等。

刀片式咖啡磨的优点是研磨速度快，缺点是研磨粗细不好掌控。如果要研磨得粗一些，就用较短的时间；如果要研磨得细一些，就用较长的时间，且粗细不是很均匀。这款机器在家中用于研磨滴滤咖啡粉还是比较实用的，售价一般在一百元左右，特别适合既想要保留咖啡的香味，又不愿意花费太多时间的居家族。刀片式咖啡磨在使用上有一个需要特别重视的问题：在研磨过程中产生的热量足以将咖啡粉烧焦。为了避免这种情况发生，每次打开开关后，连续研磨的时间不要超过 30 秒。如果没有达到所需的研磨粗细度，先停 5 ~ 10 秒，让咖啡粉降温，然后再继续研磨。以此方式，直到研磨出你所需的粗细度为止。

小型专业咖啡磨豆机

小型专业咖啡磨豆机的特点是研末精细、不发热、耐用，适用于咖啡厅研磨多种滴滤咖啡，或临时的咖啡样品。

这一类咖啡磨研磨细度均匀，不易发热，适用于咖啡厅或咖啡店使用。小型专业咖啡磨便于清理，可以随时研磨各种不同的咖啡。商用咖啡磨可以连续工作而不发热，而且研磨速度快，最适合在咖啡店里为顾客研磨咖啡豆，是咖啡厅外卖咖啡的最佳搭档。

研磨咖啡豆的技巧

那一颗颗深褐色的小豆子看似普通，却在各个阶段都有不少学问。对咖啡的烹调饮用者而言，对咖啡豆的种植、生产、烘焙等专业知识有个大概的了解就足够了，但研磨制作咖啡，就是制作者的责任，一定要详细地了解。

磨咖啡豆的诀窍

研磨咖啡豆应注意以下两点。一是将摩擦热度降到最低，用磨豆机研磨时，一次不要磨太多，够一次使用的粉量就好了，因为磨豆机一次使用越久，越容易发热，间接使咖啡豆在研磨的过程中被加热而导致芳香提前释放出来，会影响蒸煮后咖啡的香味。二是咖啡粉的大小要均匀。颗粒不齐，咖啡冲泡出的浓度会不均匀。以此作考量，倘若是家庭用的磨豆机，手动式的话要轻轻地旋转，注意尽可能使其不产生摩擦热。

研磨咖啡豆的基本常识

研磨咖啡最理想的时间，是在煮制之前才研磨。因为磨成粉的咖啡容易氧化散失香味，尤其是在没有妥善贮存的情况下，咖啡粉还容易变味，自然无法冲煮出香醇的咖啡。现成的咖啡粉要特别注意贮存的问题，咖啡粉开封后最好不要随意在室温下放置，比较妥当的方式是摆在密封的罐里。放入冰箱冷藏，而且不要和大蒜、鱼虾等味道重的食物同置。因为咖啡粉很容易吸味，一不小心就成了怪味咖啡，那么品质再好的咖啡也被糟蹋了。

研磨咖啡豆的时候，粉末的粗细要视煮制的方式而定。一般而言，煮的时间越短，研磨的粉末就越细；煮的时间越长，研磨的粉末就越粗。以实际蒸煮的方式来说，用虹吸方式蒸煮咖啡，需要 1 ~ 3 分钟，咖啡粉属中等至粗的研磨；美式咖啡壶及手冲滤泡的粗细度一般为砂糖粗细度即可。适当的咖啡粉研磨度，对做一杯好咖啡是十分重要的，因为咖啡粉中水溶性物质的萃取有它理想的时间，如果粉末很细，蒸煮的时间过长，会造成过度萃取，咖啡可能非常浓苦，失去芳香；反之，若是粉末很粗而且又蒸煮太快，导致萃取不足，那么咖啡就会淡而无味，因为来不及把粉末中水溶性的物质溶解出来。

由于咖啡豆的研磨没有定量的标准，因此研磨得是否恰当，只能通过制作出来的咖啡来判断。无论何种咖啡，都应该是美味可口的。咖啡不够好喝，就说明制作过程中存在问题。如果你熟悉好咖啡的口味，就很容易判断出一杯咖啡的制作是否得当。

如何研磨意式咖啡

意大利咖啡的制作条件非常苛刻，尤其是咖啡粉的研磨细度要保持精确一致。稍有不慎，就会导致制作出来的咖啡口味发生很大的变化。所有咖啡厅使用的意式咖啡机都配有一个专门的咖啡磨，只用于研磨制作意式咖啡的咖啡粉。

一台优质的咖啡磨对制作意式咖啡来说是非常重要的。有人认为，它比一台好的意式咖啡机更重要。咖啡磨得不够好，所用的意式咖啡机再好，也很难保证制作出好喝的意式咖啡。咖啡磨得好，可以帮助一台一般的意式咖啡机制作出相当不错的意式咖啡。意式咖啡磨的研磨粗细程度调整好之后不要随意改变。有的咖啡磨带有锁定装置，就是要在研磨粗细度调节好之后把咖啡磨锁起来，以避免无意中被更改。

如果磨豆机需要做咖啡粉粗细调整，只要旋转刻度转盘就可以了。一般来说，将调整刻度的方向越往顺时针方向旋转，磨出的咖啡粉就越粗，越往逆时针方向旋转，磨出的咖啡粉就越细。磨豆机的刻度转盘分为两种，一种在刻度转盘上有固定的卡榫，调整刻度时需一格一格地调整。一般来说，调整格的格子越小，咖啡粉的精细度会越高。还有一种没有固定卡榫的磨豆机，调整时直接转刻度转盘即可。需要注意的是，在调整完刻度转盘后，要再磨一些咖啡豆并将磨豆机粉槽内的咖啡粉退出来，这样处理后磨出的咖啡粉的粗细度才是当初设定好的。

奶泡、奶油、巧克力酱的制作

一杯美丽又美味的拉花咖啡，除了完美的意式浓缩咖啡外，还需融合绵密温暖的奶泡。喜欢丰富口感变化的人，还可以加入奶油、巧克力酱、抹茶粉等材料，创造属于自己的个性拉花咖啡。

如何制作蒸汽奶泡

要把拉花做好，最关键的因素就是奶泡。那如何打好奶泡呢？这就像练习一门乐器，初学者一定是在老师手把手、一对一的教授中，由浅入深地掌握要领，然后才能熟练操作。

牛奶发泡的基本原理

牛奶发泡的基本原理，就是用蒸汽去冲打牛奶，使液态的牛奶中打入空气，利用乳蛋白的表面张力作用，形成许多细小泡沫，让液态状的牛奶体积膨胀，成为泡沫状的奶泡。在发泡的过程中，乳糖因为温度升高溶解于牛奶中，并利用发泡的作用使乳糖封在奶泡之中，而乳脂肪的功用就是让这些细小泡沫形成安定的状态，使这些牛奶泡在饮用时会在口中破裂，让味道和芳香物质有较好的散发作用，让牛奶产生香甜浓稠的味道和口感。牛奶在与咖啡融合时，分子之间的粘结力会比较强，使咖啡与牛奶充分结合，让咖啡和牛奶的特性能各自凸显出来，且完全融合在一起，达到相辅相成的作用。打发后的牛奶是鲜奶和奶泡的混合物，我们也称其为"奶泡"或"打发牛奶"。

在制作绵密细致的牛奶泡时，有许多不同的方式，不过都包含了两个阶段：第一个阶段是发泡，发泡就是用蒸汽管向牛奶内打入空气使牛奶的体积变大，让牛奶发泡；第二阶段是融合，融合就是利用蒸汽管打出的蒸汽使牛奶在拉花缸内产生漩涡的方式，让牛奶与打入的空气混合，使较大的粗奶泡破裂，分解成细小的泡沫，并让牛奶分子之间产生连结的作用，使奶泡组织变得更加绵密。在

蒸汽奶泡的制作过程中，蒸汽有两个作用，首先是加热牛奶，其次是将牛奶和空气混合，使牛奶形成一种乳化液，这种乳化液有着天鹅绒般柔滑的质感。

影响奶泡的六个因素

在制作时，奶泡的质量常常会不稳定，这是因为奶泡容易受到各种因素的影响。了解并熟悉这些因素的相互作用，是打出优质奶泡的基础。

● 牛奶温度

牛奶的温度在打发牛奶时是很重要的因素，牛奶的保存温度每上升 2℃，就会减少一半的保存期限。而温度越高，乳脂肪的分解越多，发泡程度就越低。当牛奶在发泡时，起始的温度越低，蛋白质变性越完整均匀，发泡程度也越高。另外要注意的是，最佳的牛奶保存温度应在 4℃ 左右。冷藏过的牛奶可以延长发泡时间，使其能发泡充分、泡沫细腻。拉花缸也可放入冰箱冷藏，以确保牛奶温度的稳定。

● 牛奶脂肪

一般来说，脂肪的成分越高，奶泡的组织会越绵密，所以，如果使用高脂肪的全脂鲜奶，打出来的奶泡会又多又绵。

脂肪对牛奶发泡的影响

脂肪含量	奶泡特性	气泡大小
无脂牛奶 <0.5%	奶泡质感粗糙、口感轻	大
低脂牛奶 0.5% ~ 1.5%	奶泡质感滑顺、口感较重	中等
全脂牛奶 >3.2%	奶泡质感稠密、口感厚重	小

● **蒸汽管形式**

　　蒸汽管的出气方式主要分为外扩张式跟集中式两种。外扩张式的蒸汽管在打发牛奶时,不可太靠近钢杯边缘,以免产生乱流现象;而集中式的蒸汽管,就需要加强角度上的控制,不然很容易打出较粗的、质量不佳的奶泡。

● **蒸汽量的大小**

　　蒸汽量越大,打发牛奶的速度就越快,但也容易产生较粗的奶泡。蒸汽量大的蒸汽管,适合用在较大的拉花缸中,用在太小的拉花缸中则会使其中的牛奶乱流。蒸汽量较小的蒸汽管打发牛奶时,效果较差,但优点在于不容易产生粗大的气泡,打发打绵的时间较久,整体掌控起来会比较容易。

● **蒸汽干燥度**

　　蒸汽的干燥度越高,含水量就会越少,打出来的牛奶泡就会比较绵密、含水量较少,所以蒸汽的干燥度越高越好。

● **拉花缸的大小和形状**

　　拉花缸的大小与要冲煮的咖啡种类有关,越大的杯量需要越大的拉花缸。一般来说,制作卡布奇诺时使用容量为 600 毫升的拉花缸,冲煮拿铁咖啡则应使用容量为 1000 毫升的拉花缸。只有使用正确、合适的拉花缸才能打出组织良好的牛奶泡。拉花缸的形状以尖嘴形的为佳,较容易制作出理想的成品。

理想的奶泡标准

首先，表面上没有粗糙不匀的泡沫，质地绵密、浓稠、有光泽，有细腻柔滑的质感和适度的厚重感。其次，不管奶泡的量多或量少，奶泡的温度应一致。就是说在加奶量一致的情况下，不管打六成满还是九成满或全满，打出的温度要一致。再者，刚打好的奶泡，一定要听不到很连续的爆破声，这样才能保证奶泡在杯中的持久性。

奶泡制作的注意事项

奶泡制作完成后最好不要用勺刮泡。出现奶泡不够细腻、需要用勺刮匀的情况，往往是因为出现了粗泡，在打奶泡的过程中位置或温度掌控不好的时候都会出现粗泡，应予以调整避免。

奶泡最好不要在拉花缸中互倒。若牛奶和奶泡融合得不够好，就会出现分层。为了融合，有些人会使用两杯互倒的方式促使奶泡和牛奶的融合。这种方法是不对的，出现质量不够好的奶泡，可通过顺时针旋转晃动拉花缸，让杯内的液体和泡沫回旋，以达到融合的效果。

图示蒸汽奶泡的制作过程

同制作意式浓缩咖啡一样，要完美地掌握奶泡拉花的艺术需要长时间反复练习。记住，意式浓缩咖啡是所有咖啡饮料的基础，而牛奶是使咖啡饮料呈现不同种类的关键。

将牛奶倒入拉花缸

将冷藏的牛奶（最好是在5℃中冷藏）倒入不锈钢拉花缸中，1/2到2/3满即可。牛奶的量可以略多于所需奶量。最好用质地厚实的拉花缸，要选择至少可容纳打发牛奶量两倍的拉花缸。因为牛奶的体积会在拉花过程中增加或者"膨胀"。

调整蒸汽管的位置

将蒸汽管置于滴水槽的上方，快速放一部分蒸汽出来，以加热蒸汽管并排出多余水分。

将蒸汽管摇到意式浓缩咖啡机的一边，使蒸汽管放在钢杯的壶嘴上，然后放低钢杯，调整钢杯的角度，直到蒸汽管的喷嘴刚好在牛奶表面的下部，喷嘴插入牛奶表面大约 1 厘米的深度。拉花缸的缸嘴一定要抬起来，缸体要根据奶泡的转动方向倾斜。

使用蒸汽打发牛奶

启动蒸汽阀，这时拉花缸要向下非常缓慢地移动，会听到"咻咻咻"的蒸汽与奶液摩擦所发出的声音，俗称"发泡声"。随着牛奶被蒸汽加热打发，质地改变，杯中牛奶的高度将开始上升。

当需要的奶泡被打出后，抬高钢杯，即把拉花缸向上移一点，以听不到"咻咻咻"声即可。牛奶温度至 30 ~ 37℃时，"咻咻咻"的声音就不能再出现了，也就是停止发泡，否则不但会出现粗泡，而且还会影响融合。此时通过调整拉花缸的角度（喷头与表面的距离不变），找到打发牛奶中心的漩涡，以非常小的角度调整，把发泡阶段的粗泡沫扯下表面，定点持续，此时听到的是"咻咻咻"声。要想有旋涡，蒸汽管的喷头不能太深入牛奶面下。

当牛奶被加热到 60 ~ 65℃时，立刻关掉蒸汽。如果没有温度计来测量是否达到合适的温度，可以用手感来掌握。当人的手掌无法接触钢杯壁超过 3 秒钟时，温度就合适了（记住是手掌，不是手指）。

清洁蒸汽管

移开钢杯，立刻用一块干净的抹布擦拭蒸汽管和喷嘴，再放一点蒸汽出来清洗蒸汽管。

融合打发的牛奶

牛奶打发后处于分层状态，还不是理想中的奶泡，下层是被加热的牛奶，上层是打发后的"泡泡"，所以我们要对打发后的牛奶进行处理，才能得到拉花时所需的奶泡。

这个步骤是先用手握住钢杯，把钢杯在流理台上震动两三下，以震碎大的气泡。然后顺时针旋转晃动拉花缸，让杯内的液体和泡沫回旋，充分融合，直到打发牛奶变得细腻，没有气泡残留。通过晃动牛奶，你能看到奶泡在钢杯中随着钢杯而晃动，这样就可以判断打出的奶泡的厚度。还要注意的是，制作拉花咖啡前，奶泡一直在拉花缸里处于摇晃状态，要避免因此而造成再次出现分层。

如何制作手打奶泡

手动打奶器打出来的牛奶能否用来拉花？答案是肯定的。事实上，手动打奶器非常好用，制作出来的奶泡也能够满足拉花的需求，很多操作者也能自如地操作这个小工具。手动打奶可以用热牛奶，也可以用冷牛奶。热牛奶打成奶泡后可用于拉花咖啡的制作，冷牛奶打发后多用在冰咖啡中。

用热牛奶制作手打奶泡

用热牛奶制作手打奶泡可细分为四个步骤。

❶ 倒奶

将牛奶倒入奶泡壶中，分量不要超过奶泡壶的1/2，否则制作奶泡的时候牛奶会因为膨胀而溢出来。

❷ 加热牛奶至60℃

将牛奶加热到60℃左右，但是不可以超过70℃，否则牛奶中的蛋白质结构会被破坏。加热时不要加盖子和滤网。加热的方式可以用电磁炉，也可以用酒精灯。

❸ 抽打牛奶制成奶泡

将盖子与滤网盖上，快速抽动滤网将空气压入牛奶中，抽动的时候不需要压到底，因为是要将空气打入牛奶中，所以只要在牛奶表面操作即可。次数也不需太多，轻轻地抽动三十下左右即可。制作时要先快速抽拉让牛奶发泡，再放慢速度把发泡后的牛奶泡打得更绵密。

注意，抽动滤网时不要让器具碰撞发出声音，这会让整个制作过程显得更优雅。可以将握打奶器的手放在滤网与盖子的结合处，这样每次抽动，都打在自己的手指上，不会在打奶器上直接撞击，也就不会发出声音了。

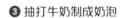

❹ 将打发牛奶与奶泡融合

移开盖子与滤网，留下的就是绵密的热奶泡。之后静置约一分半钟，然后上下震动两三下，使较粗大的奶泡破裂，即可得到拉花所需的奶泡了。将奶泡倒入拉花缸中即可进行拉花。

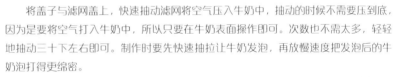

用冷牛奶制作手打奶泡

用冷牛奶制作手打奶泡可细分为三个步骤。

❶ 将冷牛奶倒入奶泡壶

将牛奶冷却至5℃以下，倒入同样冰镇过的奶泡壶中，检查好奶泡壶的活塞。

❷ 打发冰牛奶

在手动打奶器中打冰牛奶可分为两步完成：第一步，先快速低打，即在牛奶的下

半部分进行抽打，打到有明显的阻力和绵感；接下来做中打，即抽打中间层的牛奶，同样打到有明显的阻力和绵感；最后做高打，打到整体有阻力和绵感。第二步，重复第一步，这样就完成了手动打奶的过程。如果不想要奶泡太稠、有一定的流动感，就只做第一步即可。

❸ 处理奶泡

　　打完奶泡后垂直抽出活塞有利于把打出的粗泡赶出，再用处理蒸汽奶泡的方法上下震动两三下，使较粗大的奶泡破裂，经过这样的处理，奶泡用起来更称手。将奶泡倒入拉花缸中即可进行拉花。

如何制作
手打奶油
和巧克力酱

　　手打鲜奶油可以应用到花式咖啡和各种甜点中，九分发的鲜奶油适合制作花式咖啡，也可将其添加到意式咖啡中，制作出自己喜欢的咖啡。巧克力酱不仅味道好，使用方便，还可以随意画出自己喜爱的图案。学会制作、使用奶油和巧克力酱，可以让拉花咖啡的形态更丰富。

手打奶油的制作

　　手打奶油的制作过程如下：

❶ 清洁好打蛋器，将适量冷藏好的奶油装入盆中。

❷ 将打蛋器开至轻柔档，搅打奶油。

❸ 持打蛋器沿同一方向拌打 5 分钟，至鲜奶油膨发成原体积的数倍，此时奶油比较稀，用勺子捞起奶油时，奶油会滴下。

❹ 将打蛋器的频率加大，开至 4 档，将盆稍倾斜，让打蛋器与奶油充分接触，继续顺时针搅打奶油，几分钟后奶油出现清晰的纹路。

❺ 稍稍搅打，奶油变硬，此时可以试着用打蛋器捞起奶油，形成小尖即可。此时的奶油最适合制作花式咖啡。打好的奶油若暂时不用，可放入冰箱冷藏，可保持数小时不变形。

❻ 将裱花袋的封口处剪出适宜的小口，给剪好的裱花袋装上裱花嘴。

❼ 将裱花袋翻出套在虎口处，装入打好的奶油。

❽ 挤出裱花袋的空气，即可用于花式咖啡的制作。

巧克力酱的制作

巧克力酱的制作过程如下：

❶ 将黑巧克力切成小块，放入干净的不锈钢盆中隔水加热。

❷ 至黑巧克力稍融化时，加入相同分量的鲜奶油，鲜奶油要选择未打发的。

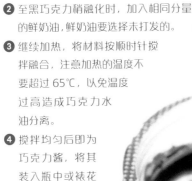

❸ 继续加热，将材料按顺时针搅拌融合，注意加热的温度不要超过 65℃，以免温度过高造成巧克力水油分离。

❹ 搅拌均匀后即为巧克力酱，将其装入瓶中或裱花袋即可使用。

拉花的技巧

学习了制作拉花咖啡的理论知识，准备好制作拉花咖啡所需的优质材料后，接下来要做的就是反复练习拉花了。只有在拉花咖啡的练习中，感受到牛奶和咖啡的交融，才能制造出奇妙的拉花图案。

拉花的基本手法

按照制作方法的不同，拉花可以分成三种方法：直接倒入成形法、手绘图形法、模具裱花法。

直接倒入成形法

直接倒入成形法指的是，使用发泡后的牛奶，在其还未产生牛奶与奶泡分离状态的时候，迅速将其直接倒入意式浓缩咖啡之中，等牛奶、奶泡与意式浓缩咖啡融合至一定的饱和状态后，运用手部的晃动控制技巧形成各式各样的图形。其形成的图形又分为两大类，第一类为各种心形与叶子形状线条的组合图形，第二类为动物、植物线条图形。直接倒入成形法是咖啡拉花技巧中最困难的方式，同时也是技术性最高的方式。这种方式的难度在于必须注意各种细节，从意式浓缩咖啡的状态、牛奶发泡的方式与组织细致程度，到两者融合方式的技巧，再加上直接倒入成形法拉花时，图案成形的时间十分短暂，所以，还需要非常流畅而且有节奏的动作、迅速精确的手部晃动控制技术。

手绘图形法

手绘图形法就是在已经与牛奶、奶泡融合的意式浓缩咖啡上，利用融合时产生的白色圆点或不规则图形，使用竹签和其他适宜的物品，蘸用奶泡、巧克力酱等蘸料，在咖啡表面勾画出各种图形的方法。其图形又大致分为两种，一种为规则的几何图形，如实践篇的水纹花，使用奶泡和巧克力酱在完成融合的咖啡表面，先画出基本的线条，再利用温度计的尖端，勾画出规则的几何图形；另一种为具象的图案，例如人像，猫、狗等动物图形。在融合时轻轻晃动手腕，使咖啡表面形成图形，再以这种形状各异的图形为底，利用适宜的针状物，蘸用咖啡油脂（crema）或可可粉等蘸料，在咖啡表面勾画出各种图形。运用手绘图形法制作拉花咖啡比直接倒入成形法要简单，只要掌握图形的特点，便可以在家做出许多漂亮的手绘图形。

模具裱花法

模具裱花法也可以分为两种表现方式，一种是在牛奶发泡完成后，先静置 30 秒左右，让牛奶跟奶泡产生一定程度的分离效果，然后利用汤匙先挡住部分奶泡，让下层的牛奶与意式浓缩咖啡先行融合，再让奶泡轻轻覆盖在咖啡上形成雪白的表面，最后利用各种裱花模具，放置在咖啡表面上方约 1 厘米处，撒出细致的巧克力粉或抹茶粉，通过裱花模具的空隙，使咖啡的奶泡表面形成多变的美丽图案。第二种方式与第一种方式原理相同，不同之处在于这种方式是在咖啡油脂上方撒粉创作各式图案，这就要求奶泡细密，倒入时不破坏咖啡表面，不要显出奶泡的白色，让奶泡与意式浓缩咖啡在液面下充分融合。模具裱花法配上简单的手绘图形法，能创造出更丰富、有趣的图案。

以下简要介绍叶子形和心形的拉花方法。

叶子的拉法

叶子形拉花咖啡的制作关键在于对奶泡流出时的控制，现将制作过程介绍如下。

❶ 将意式浓缩咖啡盛出

冲煮意式浓缩咖啡，直接将意式浓缩咖啡盛接在所需要的杯子中。

❷ 将拉花缸中的奶泡注入

将杯子稍倾斜，将拉花缸嘴对准咖啡的液面中心，徐徐将打好的奶泡倒入。当倒入的奶泡与意式浓缩咖啡已经充分混合，且至咖啡杯五分满时，咖啡表面会呈现浓稠状，这时候便是开始拉花的时机。

❸ 拉花

左右晃动拿着拉花缸的手腕，稳定地让拉花缸内的奶泡有节奏地匀速晃动流出。当晃动正确时，杯子中会开始呈现出白色的"之"字形奶泡痕迹，形成叶子的下半部分。

叶子拉花路线

❹ 收奶泡

逐渐往箭头所指方向移动拉花缸，并且缩小晃动的幅度，形成叶子的上半部分，此时将杯子逐渐放平。当叶子要到达杯子边缘后往回收杯，杯嘴稍向上提，使奶泡流出的量变少，顺势拉出一道细直线，画出杯中叶子的梗作为结束。

心形的拉法

心形拉花咖啡的制作关键在于保持奶泡稳定地流出，现将制作过程介绍如下。

❶ 将意式浓缩咖啡盛出

冲煮意式浓缩咖啡，直接将意式浓缩咖啡盛接在所需要的杯子中。

❷ 将拉花缸中的奶泡注入

将杯子稍倾斜，将打好的奶泡匀速倒入，拉高拉花缸与咖啡的距离，让咖啡与奶泡充分融合。将拉花缸放低，缸嘴对准液面的中心，直到出现白色的奶泡。

❸ 拉花

保持拉花缸的位置，轻轻晃动拉花缸，稳定地让拉花缸内的奶泡匀速流出。当咖啡液面的白色部分慢慢变大时，按照箭头所指的方向小幅度移动，让液面的白色部分朝反方向推动。

❹ 收奶泡

当咖啡九分满时，慢慢放平咖啡杯，在靠近杯子的边缘定点注入奶泡，待白色部分形成对称的圆形后往反方向水平移动，画出杯中心形的对称轴，形成图案即可。

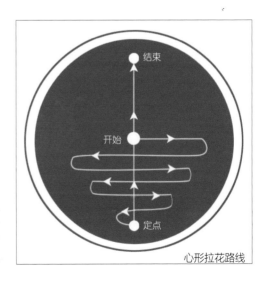

心形拉花路线

拉花的注意事项

在拉花咖啡的制作过程中，每一个微小的细节都会对最后的成品产生影响。在反复的练习中熟悉各种因素相互作用的原理，是每个拉花咖啡制作者都必须注意的。

杯子的选择

杯子的形状跟拉花方式有很强的关联性。一般来说，杯身的形状分为两大类：一种是高杯，一种是矮杯。高杯的杯身较长，所以用高杯时，意式咖啡与牛奶奶泡融合的时间较长，力量也较大，但是当奶泡的量不足时，再拉花时便会无法完成理想的图案。相对地，如果奶泡量足，呈现出来的拉花咖啡不仅口感好，样式也很美观，对制作者的技巧提高也会有很大的促进作用。矮杯因其容量较少且深度较浅，所以拉花时的动作要十分迅速，在做简单图案时较为容易，但拉复杂的图案时则会较为困难。不过矮杯的拉花图案较容易呈现，适合初学者练习使用。

另外，杯底的形状也是十分重要的影响拉花的因素。杯底的形状可以大致分为圆弧底和方形底两种。意式咖啡与牛奶奶泡在圆弧底杯子中的融合均匀度会较方形底的杯子好。这是因为方形底的杯底表面积较大，意式浓缩咖啡的高度会降低，所以在融合时较容易产生过度翻动的情况，破坏了咖啡表面的咖啡油脂，而且方底直角的形状也会使融合时翻滚方式不顺畅，产生不均匀的融合状况，以致喝起来口感不均匀。

杯口直径和杯沿形状的不同也会成为影响拉花咖啡形态的因素。杯口的直径越大，做出来的拉花图案就会越大越明显，但是因为直径越大，表面积就越大，奶泡的厚度就会受到影响而降低。不过若杯口直径太小，会增加拉花的难度。杯沿形状若平直顺畅，与杯底呈垂直或有角度的敞口延伸状，就比较容易拉出规则的图案，咖啡液面的张力也会让咖啡的图案保持优美完整的形态。

最后需要注意的是，在选择杯子时，要挑选保温效果较好的杯子，这样才能维持咖啡的温度。

咖啡与牛奶泡的融合

咖啡与牛奶泡的融合，在冲煮意式咖啡时是非常重要的步骤。二者融合较好，可以使整杯意式咖啡的味道与口感提升至更好的境界，也可以修整在制作意式浓缩咖啡和打发牛奶的过程中的小误差，且融合时的方式与技巧可

以改变整杯咖啡的浓淡口感。最佳的融合方式，是咖啡、牛奶、奶泡均匀地融合。要达到每种材料的高度融合，必须在制作过程中以定量的方式倒入牛奶与奶泡，在注入的过程中以持续上下移动来给予咖啡与奶泡融合的冲击力量，用手肘的力量来控制牛奶和奶泡的比例，如此才能在品尝咖啡时，每一口都是均匀的，整杯咖啡也呈现出最好的口感。

在融合时，还有一个非常重要的因素，就是咖啡与牛奶泡融合时的速度和节奏。融合时的速度快慢会影响咖啡喝起来的浓淡口感，速度过快可能会使咖啡和奶泡的融合不够，速度过慢会使牛奶奶泡不易控制，使液面形成的图案变形。而节奏，则会影响一杯咖啡的整体表现和拉花的图案体现。

过于绵密的奶泡不易拉出细致的图形，所以有些人会选用含水量高些的牛奶泡，让图案容易成形，增加拉花咖啡的成功率。这时如果不懂得融合的技巧和重要性，便有可能造成口感和均匀度上的问题，所以需要在拉花前的融合上下工夫，让其充分融合的同时又不破坏咖啡表面的状态。正确且专业的咖啡拉花所呈现的，应是一杯色香味俱全的精致咖啡。

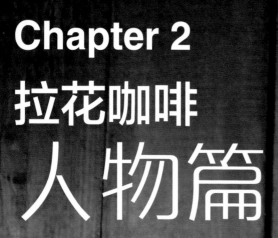

Chapter 2
拉花咖啡
人物篇

人物拉花中蕴含的技法是掌握拉花咖啡技巧的基础之一。
此部分有清纯的少女、顽皮的笑脸和一些人物脸部的其他表情。
本部分提供了丰富的学习范例，初学者可多加练习。

樱桃爷爷

🥜 **材料**
意式浓缩咖啡 1 盎司（约 30 毫升），奶泡适量

✂ **工具**
竹签 1 支

☕ **咖啡物语**
此款咖啡中的图像需要用细腻的奶泡来描绘。

1 将奶泡慢慢注入咖啡杯中。

2 稍稍降低拉花缸的缸嘴，此时出现椭圆形的奶泡。

3 放低拉花缸，轻轻晃动缸嘴拉出长条形的奶泡。

4 将咖啡杯放在桌上，用蘸上咖啡油脂的竹签点出眼睛。

5 再点上嘴角。

6 最后用竹签蘸上奶泡，修饰出"樱桃爷爷"的模样就可以了。

1 将咖啡杯大幅度地倾斜，向拉花缸靠近咖啡液体的边缘匀速注入奶泡。

2 将缸嘴从液体的边缘移至咖啡杯中心，加大注入流量。

3 在移动缸嘴的同时抖动缸嘴，形成纹路。

4 在杯满后将缸嘴上翘，收住奶泡。

5 用画笔蘸上咖啡油脂画出嘴、眼睛、刘海。

6 用竹签蘸取奶泡在头部画上一朵小花，图案就形成了。

迷路的小孩

🫘 材料
意式浓缩咖啡2盎司（约60毫升），奶泡适量

✂ 工具
竹签1支，画笔1支

☕ 咖啡物语
制作此款咖啡，对流量的控制和缸嘴的抖动要求很高，需要花时间反复地练习。

摩登女郎

🥄 材料
意式浓缩咖啡 1 盎司（约 30 毫升），奶泡适量

✂ 工具
竹签 1 支，装饰品 1 个

☕ 咖啡物语
用竹签画脸部表情时，力度要小。

1 将奶泡从咖啡杯的中心点缓缓注入。

2 加大流量，在原注点继续注入奶泡。

3 待咖啡和奶泡融合至九分满时，液面出现白点。

4 取竹签蘸上咖啡油脂，画出眉毛、眼睛、睫毛、鼻子和嘴巴。

5 用竹签拉出蓬松的头发。

6 最后，摆放上装饰品，图案就完成了。

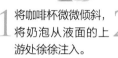

清纯少女

1 将咖啡杯微微倾斜，将奶泡从液面的上游处徐徐注入。

2 渐渐将拉花缸拉回到液面下，同时慢慢放平咖啡杯。

3 这时要轻微地晃动缸嘴，使奶泡分层地涌出液面。

4 保持对缸嘴施加的动作，加大奶泡的流量至九分满，再往前推动拉花缸并上翘缸嘴。

5 在奶泡上选择适当的位置画出一只眼睛。

6 再画上鼻子和嘴巴，最后勾出另一只闭着的眼睛和睫毛，就完成这款咖啡了。

🥄 **材料**
意式浓缩咖啡1盎司（约30毫升），奶泡适量

✖ **工具**
竹签1支

☕ **咖啡物语**
选择香味浓郁并伴有水果味的蓝山咖啡豆为佳。

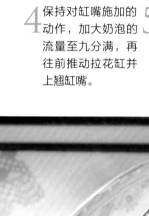

1 将咖啡杯倾斜25°，与拉花缸贴近，从咖啡杯的中心点注入奶泡。

2 流量加大，继续注入奶泡，咖啡杯向水平方向倾斜。

3 左右摆动缸嘴，使液面形成图案。

4 用温度计蘸上咖啡油脂，画出嘴巴。

5 沿奶泡边缘画出帽子。

6 再画上眉毛、眼睛和鼻子。

7 取竹签蘸上咖啡油脂，画出县太爷的胡子。

8 最后，再用奶泡修饰一下官帽，县太爷的图案就形成了。

县太爷

🫘 **材料**
意式浓缩咖啡 1 盎司（约30 毫升），奶泡适量

🍴 **工具**
温度计 1 支，竹签 1 支

☕ **咖啡物语**
县太爷的形象生动，在制作过程中应侧重描绘面部表情。

稻草人

🫘 **材料**

意式浓缩咖啡 1 盎司（约 30 毫升），奶泡、巧克力粉各适量

✕ **工具**

撒粉器 1 个，竹签 1 支，咖啡勺 1 把

☕ **咖啡物语**

饮用此款咖啡时加入适量的奶糖，香味更醇正。

1 从咖啡杯的边缘处注入奶泡至八分满。

2 在桌上放平咖啡杯，继续注入奶泡至杯满。

3 取撒粉器在液面上均匀地撒上巧克力粉。

4 用咖啡勺舀出奶泡，在杯中匀抹上白圆圈。

5 取竹签蘸上咖啡油脂在奶泡上作画。

6 先画出"稻草人"的帽子和头部。

7 再画上衣领。

8 可爱的"稻草人"就出现了。

沉睡的女郎

🫘 材料
意式浓缩咖啡1盎司（约30毫升），奶泡、巧克力粉各适量

🍴 工具
竹签1支

☕ 咖啡物语
品尝这杯咖啡后，就能更懂得皮埃尔·博纳尔了。

1 将咖啡杯倾斜10°，缓缓注入奶泡。

2 将拉花缸的缸嘴向下沉，涌出椭圆形的奶泡圈。

3 向前移动缸嘴，保持均匀的奶泡注入量，待椭圆形伸展至杯的边缘时，向后快速拉动缸嘴并轻微晃动，至九分满。

4 慢慢放平咖啡杯，注满后放在桌上，用竹签蘸取奶泡勾出女郎的侧脸轮廓。

5 再轻轻地画上飘逸的秀发。

6 点上眼睛、睫毛和嘴巴。

7 再用竹签修饰女郎的后颈。

8 最后写上英文字样，女郎就可以进入梦乡了。

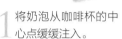

1 将奶泡从咖啡杯的中心点缓缓注入。

2 待杯中出现堆积奶泡痕迹时，向后慢慢拉动拉花缸。

3 保持注入点不变，慢慢减少奶泡的注入量。

4 将咖啡杯放置于桌上，用咖啡勺舀出奶泡并淋在液面上。

5 待奶泡晕开呈圆形。

6 用竹签蘸上咖啡油脂，画出两只俏皮的眼睛。

7 再轻轻勾出鼻子和嘴巴。

8 最后画上大门牙，顽皮的笑脸就出现了。

顽皮的笑脸

材料
意式浓缩咖啡 1 盎司（约 30 毫升），奶泡适量

工具
竹签 1 支，咖啡勺 1 把

咖啡物语
此款咖啡若选用深度烘焙的咖啡豆，口感会更醇正。

1 将咖啡杯倾斜，向咖啡液中徐徐注入奶泡。

2 继续在原注点注入奶泡，咖啡杯保持倾斜。

3 把拉花缸缸嘴移至咖啡杯中央，加大注入流量。

4 待液体达到满杯时，收住奶泡。

5 用咖啡勺将奶泡盛在液面上。

6 取竹签蘸上咖啡油脂在脸部画上表情。

7 再画出围巾和衣服的扣子。

8 在头部的上方画出帽子。

9 再用竹签蘸上奶泡，在液面上点上圆点。

10 就这样，小雪人的图案就完成了。

小雪人

🫘 **材料**
意式浓缩咖啡 1 盎司（约 30 毫升），奶泡适量

✖ **工具**
咖啡勺 1 把，竹签 1 支

☕ **咖啡物语**
这款咖啡的操作很简单，初学者可尝试制作。

嘟嘴的女孩

🍃 材料
意式浓缩咖啡 1 盎司（约 30 毫升），奶泡适量

✖ 工具
竹签 1 支

☕ 咖啡物语
此款咖啡最好选择阿拉比卡种咖啡豆来萃取意式浓缩咖啡。

1 将咖啡杯微微倾斜，缓缓注入奶泡。

2 待奶泡浮现后增大奶泡的注入量。

3 放低拉花缸使奶泡呈弧形晕开。

4 慢慢拉回拉花缸至液面边缘处。

5 迅速收住奶泡。

6 取来蘸好咖啡油脂的竹签，在奶泡上画出一双大眼睛。

7 再画上嘟着的嘴巴。

8 呈现女孩的脸形后，清理竹签，蘸上颜色较重的咖啡油脂。

9 最后拉出女孩的刘海。

10 如此，便完成这件作品了。

Chapter 3

拉花咖啡
动物篇

兴趣是最好的老师。
绘有各种动物图案的拉花咖啡可以拉近你与动物的距离，
通过其中变化，你可以去仔细捕捉动物的形态、动作和表情，
享受与咖啡交流的乐趣。

狮子

材料
意式浓缩咖啡 1 盎司（约 30 毫升），奶泡适量

工具
竹签 1 支，咖啡勺 1 把

咖啡物语
这个狮子的图案憨态可掬，关键在于描绘其脸部的表情。

1 将拉花缸贴近咖啡杯，注入奶泡。

2 力度加大，让奶泡慢慢浮上来。

3 将缸嘴下压，注入奶泡至杯满。

4 用咖啡勺取奶泡，抹平表面，呈现出狮子头部的形状。

5 用竹签蘸取咖啡油脂。

6 画出狮子的五官。

7 点缀胡须和头顶的鬃毛。

8 充满卡哇伊风格的狮子图案就完成了。

1 将咖啡杯倾斜15°，轻轻摇动拉花缸。

2 将奶泡从液面的右侧缓缓注入。

3 加大奶泡的注入流量至六分满。

4 向后慢慢拉回拉花缸并左右甩动缸嘴。

5 迅速向前推进拉花缸，使各个纹理连成整体的线条。

6 改变奶泡的注入点。

7 沿着咖啡杯的杯壁晃动缸嘴拉出弧形的羽翼。

8 最后用竹签拉出鸟嘴，点出眼睛即可。

火凤凰

🥄 **材料**

意式浓缩咖啡 1 盎司（约30 毫升），奶泡适量

🍴 **工具**

竹签 1 支

☕ **咖啡物语**

此款咖啡对手法技巧的要求较高，初学者可通过多次练习来加深对拉花艺术的体悟。

1 取浓缩咖啡2盎司，奶泡适量。

2 将拉花缸贴着咖啡杯沿，注入奶泡。

3 下压缸嘴，持续注入。

4 继续下压缸嘴，流注增大。

5 左右晃动缸嘴，晃动幅度慢慢减小，使倒入的奶泡线条越来越细。

6 注入奶泡至九分满时，改变流注注入方向。

7 用奶泡绘出完整的凤凰尾翎。

8 注入至杯满时，缸嘴画弧线收尾，一只凤凰鸟便惟妙惟肖地显现出来了。

凤凰鸟

🫘 **材料**

意式浓缩咖啡2盎司（约60毫升），奶泡适量

☕ **咖啡物语**

如果想制作一杯更为简单的鸟类拉花咖啡，可以在拉花的时候先拉出圆形，然后在头部弯曲拉长，稍加修饰就可以了。

喜羊羊

🍃 **材料**

意式浓缩咖啡 1 盎司（约 30 毫升），奶泡适量

🍴 **工具**

竹签 1 支

☕ **咖啡物语**

此幅图画的着重点在山羊的胡子上，制作时需要注意奶泡的流向。

1 将咖啡杯倾斜15°，选好奶泡的注入点。

2 将奶泡徐徐地注入到咖啡杯中。

3 增大奶泡的注入量，使液面中心集中地出现奶泡。

4 注入点保持不变，加快奶泡注入速度。

5 将拉花缸缸嘴轻微地、有频率地左右甩动。

6 减少奶泡注入量，至杯满。

7 用竹签勾勒出山羊的外貌特征。

8 最后在山羊的头上点出圆弧形，可爱的山羊就微笑着出现了。

金鸡破晓

🥄 材料

意式浓缩咖啡 1 盎司（约
30 毫升），奶泡适量

✂ 工具

竹签 1 支

☕ 咖啡物语

此款咖啡可以使初学者
掌握缸嘴的圆弧形移动
的技法。

1 将奶泡徐徐倒入咖啡
杯中。

2 在咖啡杯的中心地
带来回移动拉花缸
的缸嘴。

3 待液面中间现出奶泡，
慢慢向后拉动缸嘴。

4 保持奶泡的注入流量
至七分满。

5 迅速将拉花缸向前推
移，使奶泡分成对称
的图案。

6 用竹签在奶泡的一侧
勾出鸡的羽毛。

7 在另一侧拉出鸡头。

8 再拉出鸡嘴，最后用
少许咖啡油脂细致地
修饰，一只昂首挺立
的金鸡就出现了。

1 将奶泡从咖啡杯的中心点徐徐注入。

2 稍稍下沉拉花缸的缸嘴,加大奶泡注入量。

3 向后慢慢拉动拉花缸,使咖啡油脂变成外环围住奶泡。

4 保持注入点,缓缓放慢流量的速度至杯满。

5 用竹签蘸上咖啡油脂,在奶泡上画出一枝花。

6 再画出鸽子的头和羽翼。

7 最后勾出尾巴。

8 这款咖啡就制作完成了。

和平之鸽

🥄 **材料**
意式浓缩咖啡1盎司(约30毫升),奶泡适量

🍴 **工具**
竹签1支

☕ **咖啡物语**
此款咖啡若加入适量乌龙茶调节味道,口感会更丰富。

1 将咖啡杯稍稍倾斜，将奶泡从咖啡杯的边缘处注入。

2 慢慢加大奶泡的流量。

3 当液面上出现白点时，稍稍左右摆动缸嘴，流量不变。

4 快满杯时，流量变小，缸嘴向前冲注，直至杯边缘，迅速收掉奶泡。

5 沿奶泡的边缘用竹签向里画出多条线条，呈羽毛形状。

6 用竹签蘸上咖啡油脂点在羽毛上。

7 在咖啡杯边缘处点上奶泡，在奶泡上再点上咖啡油脂。

8 最后用奶泡画出小心形，完整图案就形成了。

孔雀开屏

🥄 **材料**
意式浓缩咖啡 1 盎司（约 30 毫升），奶泡适量

🍴 **工具**
竹签 1 支

☕ **咖啡物语**
这款咖啡很绚丽，像一道彩色的迷幻墙。在制作过程中，用竹签画线的力度应由大变小。

蝙蝠侠

🥄 材料
意式浓缩咖啡 1 盎司（约 30 毫升），奶泡适量

✂ 工具
竹签 1 支，咖啡勺 1 把，温度计 1 支

☕ 咖啡物语
拉花缸要保持一定的高度，不可让奶泡涌出使液面过白。

1 将奶泡从咖啡杯的右侧徐徐注入。

2 将拉花缸拉到液面的左侧,使奶泡慢慢沉没。

3 抬高拉花缸，注入奶泡至七分满。

4 放低缸嘴，持续注入奶泡至九分满。

5 将咖啡杯放在桌上，用咖啡勺从拉花缸中舀出奶泡淋在液面上，并轻轻拨动奶泡使之呈现出蝙蝠的形态。

6 用温度计在蝙蝠的翅膀上拉出脊骨状的线条，再用蘸了咖啡油脂的竹签点上装饰。

7 用竹签蘸上适量的咖啡油脂，画出蝙蝠的眼睛。

8 最后轻轻地勾出嘴巴，蝙蝠侠就可张开翅膀去旅游了。

鸵鸟

🥄 材料

意式浓缩咖啡 1 盎司（约 30 毫升），奶泡、巧克力粉各适量

✂ 工具

竹签 1 支

☕ 咖啡物语

此幅图像的关键在于"鸵鸟"羽毛的层次要丰富。初学者可借此练习手腕的力度。

1 将巧克力粉轻轻地撒在咖啡杯中，再缓缓注入奶泡。

2 移动注入点到左侧，保持匀速流量至四分满。

3 压低拉花缸的缸嘴，向前推移至条纹形的奶泡出现。

4 再慢慢回拉拉花缸至液面边缘处。

5 在液面右上角另选注入点，徐徐注入奶泡。

6 快速拉回拉花缸，使液面呈现出一条弧线。

7 在液面边缘处停顿，使奶泡堆积出鸟头，用竹签点上眼睛。

8 再用竹签轻轻地勾出鸟的嘴形，漂亮的鸵鸟就出现了。

1 徐徐从咖啡杯的中心点注入奶泡直至白色的圆点出现。

2 抬高拉花缸，在原注点匀速注入奶泡。

3 降低拉花缸的高度，继续注入奶泡至八分满。

4 用咖啡勺取适量的奶泡。

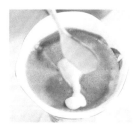   

5 将咖啡勺上的奶泡倒在液体的表面，形成身体、颈和头部。

6 用竹签蘸上草莓果露，画出鹤冠，再蘸上咖啡油脂画出眼睛，然后用竹签勾出脚和嘴。

7 沿着身体的部位用竹签画出左翼。

8 继续画出右翼，丹顶鹤的图案就完成了。

丹顶鹤

🫘 材料
意式浓缩咖啡1盎司（约30毫升），草莓果露、奶泡适量

✂ 工具
咖啡勺1把，竹签1支

☕ 咖啡物语
制作此款咖啡时，奶泡的注入点不能改变。

1 将奶泡从咖啡杯的右侧注入。

2 加快奶泡的注入速度，使边缘出现淡淡的奶泡花。

3 转移注入点到液面中心。

4 上下拉动拉花缸，使奶泡涌现。

5 持续注入奶泡，至杯满。

6 用竹签画出尖尖的鸟喙。

7 再卷出额头上的卷毛。

8 最后画出一双愤怒的眼睛，这幅图画就活灵活现了。

愤怒的小鸟

🫘 **材料**
意式浓缩咖啡 1 盎司（约 30 毫升），奶泡适量

🍴 **工具**
竹签 1 支

☕ **咖啡物语**
制作这款咖啡时，把鸟喙修饰得尖锐一些会更好看。

富贵鸟

🫘 材料
意式浓缩咖啡 1 盎司（约 30 毫升），奶泡适量

✂ 工具
竹签 1 支

☕ 咖啡物语
拉花缸的缸内要保持干燥，否则会损害奶泡的质量。

1 将咖啡杯稍倾斜，缓缓注入奶泡。

2 慢慢向前推进拉花缸至液面边缘。

3 移动注入点到咖啡杯的中心处，至中心出现白点。

4 渐渐地往后拉动拉花缸并轻轻晃动缸嘴，同时慢慢放平咖啡杯。

5 将拉花缸迅速地向前推进并抬高缸嘴，使奶泡呈细条勾出图案的对称轴。

6 将咖啡杯置于桌上，用竹签画出羽毛的纹理。

7 再用奶泡点出鸟头。

8 最后用蘸了咖啡油脂的竹签点出鸟的眼睛和斑点，富贵鸟的形状就清晰地出现了。

可爱熊

🥄 材料

意式浓缩咖啡 2 盎司（约
60 毫升），奶泡适量

✕ 工具

温度计 1 支，咖啡勺 1 把

☕ 咖啡物语

这款咖啡的拉花图案很形
象，在制作过程中要着重
抓住小熊的特征。

1 从咖啡杯的中心点缓
缓注入奶泡。

2 降低拉花缸，继续注
入奶泡。

3 加大注入流量继续注
入，至液面呈圆形。

4 缸嘴上翘，提起奶
泡，形成心形。

5 用温度计蘸上咖啡油
脂，画出眼睛。

6 再点出鼻子，形成熊
的脸。

7 用咖啡勺蘸取少许
的奶泡倒在奶泡边
缘处。

8 再用温度计蘸上咖啡
油脂，点上小耳朵，就
形成可爱熊的图案了。

1 将咖啡杯微微倾斜，倒入奶泡。

2 将拉花缸的缸嘴稍微压低，注入奶泡至五分满。

3 此时慢慢放平咖啡杯，杯的边缘出现弧形的奶泡。

4 将咖啡杯放在桌上，待奶泡与意式浓缩咖啡融合，用咖啡勺盛上奶泡，勾出浣熊的外形。

5 再用竹签细致地修饰浣熊的外形。

6 再拉出耳朵和手臂。

7 用竹签蘸上咖啡油脂，画出眼圈。

8 最后点出眼珠，栩栩如生的浣熊就显得格外的憨厚与可爱了。

憨厚的浣熊

🥄 材料
意式浓缩咖啡 1 盎司（约 30 毫升），奶泡适量

✗ 工具
咖啡勺 1 把，竹签 1 支

☕ 咖啡物语
画此图时要着重点出浣熊的眼睛，这样会使这款咖啡更有韵味。

88

1 将奶泡缓缓注入咖啡杯中。

2 液面现白后压低拉花缸缸嘴，持续注入至五分满。

3 将拉花缸慢慢向后拉动，并加快奶泡的注入速度。

4 将注入点转到液面的边缘至杯满。

5 用竹签蘸上咖啡油脂，先勾出兔脸的外形。

6 然后描出耳朵。

7 再勾出迷茫的眼神和上肢的形状。

8 最后稍稍修饰兔子的身形，就制作好了。

迷茫的小兔子

材料
意式浓缩咖啡1盎司（约30毫升），奶泡适量

工具
竹签1支

咖啡物语
这款咖啡所需的奶泡分量不多，制作时，宜选用容积较小的拉花缸。

可爱的小兔

材料

意式浓缩咖啡 1 盎司（约 30 毫升），奶泡适量

工具

竹签 1 支，咖啡勺 1 把

咖啡物语

将圆形图案拉长，就变形成了兔子的耳朵，若是圆形再小一些，也可以绘出猫的图案。

1 将咖啡杯微倾，使拉花缸靠近咖啡杯，注入奶泡。

3 注入至五分满时，流注加大，左右晃动缸嘴，形成圆形图案。

4 将缸嘴向前移动，使圆形图案的线条受到拉动。

2 缸嘴下压，持续注入奶泡。

5 杯满时，迅速收掉奶泡，勾画出心形图案的尾巴。

6 用咖啡勺取少量奶泡点于尾巴上，抹成圆形。

7 用竹签蘸取少量咖啡油脂，画出兔子的眼睛、鼻子、嘴巴。

8 可爱的小兔子出现了！

瓢虫

🫘 材料

意式浓缩咖啡 1 盎司（约 30 毫升），奶泡适量

✗ 工具

竹签 1 支，温度计 1 支

☕ 咖啡物语

制作此款咖啡要讲究一定的笔法，力度大小的控制很关键。

1 将咖啡杯稍倾斜，将奶泡徐徐注入咖啡杯中。

2 继续注入奶泡并微微晃动。

3 液体融合至八分满时，将拉花缸向后放低，在中心点倒出圆形。

4 取温度计蘸上咖啡油脂，画出瓢虫头部。

5 再用温度计划过奶泡。

6 在瓢虫壳上画出圆圈。

7 再用竹签勾出瓢虫的脚。

8 最后，再勾出瓢虫的触角，瓢虫的图案就形成了。

1 从咖啡杯的中心点慢慢地注入奶泡。

2 在原注点继续注入奶泡。

3 待液面出现圆点，立即收掉奶泡。

4 用咖啡勺将奶泡盛在原点上，扩大面积。

   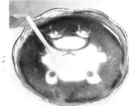

5 在圆形边缘处倒出两个小圆形。

6 用竹签蘸上咖啡油脂画出青蛙眼睛。

7 再画出大嘴巴、鼻子和脚。

8 这样，青蛙王子的图案就形成了。

青蛙王子

🥄 **材料**

意式浓缩咖啡2盎司（约60毫升），奶泡适量

✂ **工具**

咖啡勺1把，竹签1支

☕ **咖啡物语**

青蛙王子可爱、帅气，适合花季中情窦初开的小女生品尝。

1 将咖啡杯朝向桌面，慢慢倾斜15°，徐徐地注入奶泡。

2 慢慢抬高咖啡杯并保持倾斜，再左右微微摆动。

3 上下拉动拉花缸，咖啡杯保持不动，使液面呈现漩涡状。

4 待漩涡状中心点出现奶泡痕迹时，将注入点移到漩涡中心。

5 此时开始轻轻地甩动拉花缸的缸嘴，使液面出现鱼鳞状。

6 再将拉花缸快速地往上一收，使奶泡变成线条并与鱼鳞合成一体。

7 将咖啡杯轻轻地放在桌上。

8 用竹签细致地修饰出凤尾鱼的形体，美就这样淋漓地呈现出来了。

凤尾鱼

🫘 材料

意式浓缩咖啡 1 盎司（约 30 毫升），奶泡适量

🍴 工具

竹签 1 支

☕ 咖啡物语

制作这款咖啡对初学者练习手腕的灵活性很有帮助。

自由鱼

材料
意式浓缩咖啡 1 盎司（约 30 毫升），巧克力酱、奶泡各适量

工具
温度计 1 支

咖啡物语
小鱼在海里畅游，无拘无束，有一种轻松之感。

1 将奶泡注入咖啡杯中。

2 保持匀速，继续注入奶泡并向右移动。

3 待液面出现大量奶泡堆积的痕迹时，收掉奶泡。

4 用巧克力酱沿奶泡的边缘挤出鱼的轮廓。

5 在鱼身上挤上鱼鳞。

6 用温度计画出鱼眼睛。

7 再画出背部的鱼鳍。

8 将腹部左后的鱼鳍画上，就形成完整的自由鱼图案了。

可爱的
小白鼠

🖊 **材料**

意式浓缩咖啡 1 盎司（约
30 毫升），奶泡适量

✖ **工具**

竹签 1 支

☕ **咖啡物语**

若没有倒出所需的图案，
初学者可用少许巧克力粉
加深咖啡油脂的颜色后再
来作画。

1 稍稍倾斜咖啡杯，缓
缓注入奶泡至出现堆
积奶泡的痕迹。

2 稍微增大奶泡的注入
量，使椭圆形变大。

3 拉花缸向后移动，保
持奶泡的流量。

4 将注入点向杯的右侧
边缘转移，慢慢减小
流量，至杯满。

5 将杯放置在桌上，用
竹签画出小白鼠的眼
睛和胡须。

6 再轻轻地点上耳朵，勾
勒出小白鼠的轮廓。

7 最后再蘸上咖啡油
脂，点出小脚丫。

8 可爱的小白鼠就蹦蹦
跳跳地向你招手了。

1 将奶泡徐徐注入咖啡杯中。

2 压低拉花缸的缸嘴，使液面涌出奶泡。

3 保持奶泡的注入点和注入速度，至七分满。

4 轻轻晃动拉花缸的缸嘴，使奶泡慢慢晕开至完全占据液面中心。

5 用竹签蘸上咖啡油脂，勾出猫头鹰的轮廓。

6 圈出困惑的眼睛。

7 再拉出两侧的翅膀。

8 最后用咖啡油脂慢慢上色，这款咖啡就完成了。

迷路的猫头鹰

🍃 **材料**

意式浓缩咖啡 1 盎司（约 30 毫升），奶泡适量

✂ **工具**

竹签 1 支

☕ **咖啡物语**

在给图像上色时，滑过液面的力度要拿捏好，力度过大会破坏液面的整体性。

1 将奶泡徐徐注入咖啡杯中。

2 向前推移注入点至白色痕迹出现。

3 抬高拉花缸使奶泡沉到咖啡油脂下方，至杯满。

4 将奶泡用咖啡勺舀出，并在杯的中间地带均匀地铺上奶泡。

5 用竹签蘸上咖啡油脂轻轻地在奶泡上勾出猪头的轮廓。

6 再点出眼睛和鼻孔。

7 接着画出猪身。

8 最后轻轻地勾出猪尾巴就好了。

可爱的小猪

🌿 **材料**

意式浓缩咖啡 2 盎司（约 60 毫升），奶泡适量

✕ **工具**

咖啡勺 1 把，竹签 1 支

🍵 **咖啡物语**

此款咖啡中图画的形象有趣可爱，是初学者的最佳选择之一。

快乐的小猪

材料

意式浓缩咖啡 1 盎司（约
30 毫升），奶泡适量

工具

竹签 1 支

咖啡物语

只要拉出一个圆形，就
可以绘出多种动物的形
态了。

1 轻轻摇晃咖啡杯，准
备注入奶泡。

2 拉花缸贴近杯沿，注
入奶泡。

3 注入至五分满时，左
右晃动缸嘴。

4 图案线条开始呈水波
纹方式向外推动并形
成圆形图案。

5 用竹签蘸取奶泡画出
猪的耳朵。

6 用竹签蘸取咖啡油脂
画出眼睛。

7 再画出鼻子和嘴巴。

8 快乐的小猪图案就完
成了。

俏皮小狗

🌿 **材料**

意式浓缩咖啡 1 盎司（约 30 毫升），奶泡适量

✗ **工具**

竹签 1 支，咖啡勺 1 把

☕ **咖啡物语**

初学者可改用竹签勾画出小狗跳跃的动作。

1 将奶泡徐徐注入咖啡杯中。

2 抬高拉花缸，着重倾注奶泡至五分满。

3 慢慢降低拉花缸，减少奶泡的注入量。

4 保持动作不变，至液面中心出现实心的白色圆圈。

5 再次减少奶泡注入量至杯满。

6 用竹签蘸上咖啡油脂画出小狗的面部表情。

7 最后用咖啡勺舀出奶泡，描出小狗跳跃的动作。

8 这款俏皮小狗咖啡就完成了。

1 将咖啡杯倾斜至约15°，拉花缸和咖啡杯距离约10厘米，从咖啡杯中心点注入奶泡至白色圆圈出现。

2 降低拉花缸的高度，在原注入点继续注入奶泡。

3 加大注入流量并往前移动，放平咖啡杯。

4 待咖啡杯内液体达到七分满时，慢慢抬高拉花缸，同时减少注入量。

5 继续注入奶泡至杯满。

6 用竹签蘸上咖啡油脂，点上小狗的胡须。

7 再画上可爱的鼻子。

8 最后画上两只眼睛，可爱的小狗图案就形成了。

可爱的小狗

🥄 材料
意式浓缩咖啡1盎司（约30毫升），奶泡适量

✖ 工具
竹签1支

☕ 咖啡物语
趁热品尝主人为您端上的咖啡，是喝咖啡的基本礼仪。

1 将咖啡杯倾斜至约25°，将奶泡匀速注入咖啡杯中。

2 保持注入速度，在原点继续注入。

3 流量加大，开始微微晃动缸嘴。

4 继续晃动且稍微向后拉。

5 在图案形成后，将缸嘴向前一拉，收掉奶泡。

6 取竹签蘸上咖啡油脂，画出小野猫的耳朵。

7 继续画出鼻子、眼睛。

8 最后将它的胡须画上，小野猫的图案就形成了。

小野猫

🍃 **材料**
意式浓缩咖啡 1 盎司（约 30 毫升），奶泡适量

✖ **工具**
竹签 1 支

☕ **咖啡物语**
要制作此款咖啡，需不断练习，特别是拉花的速度要掌握好。

小狐狸

🥄 **材料**
意式浓缩咖啡2盎司（约60毫升），奶泡适量

✂ **工具**
竹签1支，温度计1支，咖啡勺1把

☕ **咖啡物语**
此款咖啡的制作比较简单，适合初学者尝试。

1 将咖啡杯稍稍倾斜，沿液体的边缘注入奶泡。

2 注入点移至咖啡杯中央。

3 加大流量，继续注入奶泡。

4 待咖啡满杯时，液面出现圆点，缓缓放平咖啡杯。

5 用温度计沿奶泡的边缘处画出狐狸的两只耳朵。

6 取竹签稍稍刮平奶泡。

7 用竹签蘸上咖啡油脂，画出眼睛和鼻子。

8 用咖啡勺将奶泡盛在液面上，形成狐狸的图案。

化蝶

🫘 材料
意式浓缩咖啡 1 盎司（约 30 毫升），奶泡适量

✖ 工具
竹签 1 支

☕ 咖啡物语
此款咖啡中，细腻的奶泡更能表现出破茧时的力度。

1 将咖啡杯微微倾斜，注入奶泡。

2 持续注入奶泡至四分满。

3 加大奶泡的注入量使液面出现奶泡堆积的痕迹。

4 保持动作，让奶泡的面积渐渐扩大。

5 将拉花缸的缸嘴轻轻甩动，使奶泡成羽翼状扩散。

6 向前推移注入点。

7 缓缓收住奶泡流量，上翘缸嘴，拉出翅膀的分界线。

8 用竹签画出蝴蝶的触须，美丽的化蝶故事就重演了。

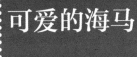

可爱的海马

1 将咖啡杯微微倾斜，将奶泡徐徐注入。

2 持续注入奶泡至液面涌出椭圆形的奶泡。

3 将拉花缸慢慢地向前推移至杯的边缘处，使椭圆变成条状。

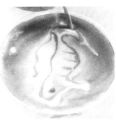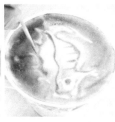

4 将咖啡杯放置于桌上，用竹签蘸取适量的咖啡油脂，勾出海马的外形与脸部。

5 再修饰尾部。

6 最后刻画出它的脊椎即可。

材料
意式浓缩咖啡 1 盎司（约 30 毫升），奶泡适量

工具
竹签 1 支

咖啡物语
刻画海马的脊椎时，力度要保持均匀。

功夫熊猫

材料
意式浓缩咖啡2盎司（约60毫升），奶泡适量

工具
竹签1支

咖啡物语
功夫熊猫的形象深为人们喜爱。初学者可多次练习此做法，以增强对拉花的浓厚兴趣。

1 将咖啡杯微微倾斜，再注入奶泡。

2 使拉花缸呈回旋轨迹地在咖啡杯上游移，至白色浮现。

3 将注入点转到右侧，着重地倾入奶泡，使奶泡液面大面积地浮现。

4 用竹签拨出功夫熊猫的头部轮廓，再用咖啡油脂给耳朵描边。

5 用竹签蘸少许咖啡油脂，画出眼睛和鼻子。

6 最后勾出嘴角上扬的表情，它似乎在轻声地向你打招呼："见到你真高兴，哈哈！"

1 将奶泡缓缓地注入咖啡杯中。

2 稍稍抬高拉花缸，使奶泡下沉。

3 着重倾注奶泡至杯满,使液面微微泛白。

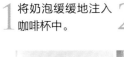

4 用咖啡勺舀出奶泡，慢慢地画出猫的大致形体。

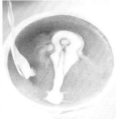

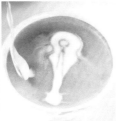

5 用竹签蘸上咖啡油脂，轻轻勾出猫身上的花纹。用咖啡勺舀出奶泡，拉出弯弯的尾巴。

6 最后用蘸了咖啡油脂的竹签细致地刻画出猫的脸部，可爱的猫就浮现在杯中了。

可爱的猫

🥄 **材料**

意式浓缩咖啡 1 盎司（约 30 毫升），奶泡适量

✂ **工具**

咖啡勺 1 把，竹签 1 支

☕ **咖啡物语**

用咖啡勺拉出猫尾巴时，注意力道要轻柔。

肥蜗牛

🍳 材料
意式浓缩咖啡 1 盎司（约 30 毫升），奶泡适量

✂ 工具
竹签 1 支

☕ 咖啡物语
此款咖啡的制作要点在于缸嘴的抖动力度，力度太小，效果不明显。

1 将奶泡徐徐注入咖啡杯中。

2 改变注入点，开始晃动缸嘴且向后移动。

3 移动的同时要不断地左右晃动缸嘴，让水波纹向外推动。

4 杯满后，减小流量且将缸嘴移动到中心点处，再迅速向左侧拉出蜗牛的头部。

5 用竹签蘸上咖啡油脂，画出蜗牛的触角。

6 最后，画出眼睛和嘴，一只肥蜗牛的图案就形成了。

1 在咖啡杯的中心处缓缓注入奶泡，并将咖啡杯稍倾斜。

2 稍微抬高拉花缸，继续在原注点注入奶泡。

3 保持注入速度至咖啡杯满后，放平咖啡杯。

小蜗牛

4 用咖啡勺将奶泡盛在液面上。

5 依次盛完多个白色圆点。

6 用竹签穿过白色圆点，再勾勒出蜗牛的形状，就形成图案了。

🍃 **材料**

意式浓缩咖啡 1 盎司（约 30 毫升），奶泡适量

✂ **工具**

咖啡勺 1 把，竹签 1 支

☕ **咖啡物语**

用竹签穿过白色圆点时，速度要快，线条流畅图案才会美观。

大嘴猴

🫛 材料
意式浓缩咖啡 1 盎司（约 30 毫升），奶泡适量

✂ 工具
咖啡勺 1 把，竹签 1 支

☕ 咖啡物语
此款咖啡形象生动，制作时，重点要放在猴子的面部表情上。

1 徐徐将奶泡注入咖啡杯中。

2 不改变注入点，继续注入奶泡。

3 保持同样的高度和动作至咖啡杯满。

4 用咖啡勺将奶泡盛在液面上，形成猴的大体轮廓。

5 用竹签蘸上咖啡油脂，画出嘴、牙齿和鼻子。

6 再画出眉毛、眼睛和耳朵，大嘴猴的图案就形成了。

1 将咖啡杯稍倾斜，将奶泡从液面的边缘处注入。

2 待液面上出现鱼尾形状的图案时，将注入点向前推移，倒出鱼的身形。

3 稍稍停顿奶泡的注入，等待白色部分互相牵扯。

欢乐的小鱼

4 再次注入奶泡，使鱼的身形慢慢扩大，至杯满。

5 用竹签蘸上咖啡油脂，画出鱼眼和鱼鳍。

6 最后用竹签蘸取奶泡在鱼头的上方处点上一串气泡，活灵活现的鱼就游动起来了。

🥄 **材料**
意式浓缩咖啡 1 盎司（约 30 毫升），奶泡适量

✂ **工具**
竹签 1 支

☕ **咖啡物语**
初学者要把握好奶泡注入的停顿时间，掌握这个技巧需要反复练习。

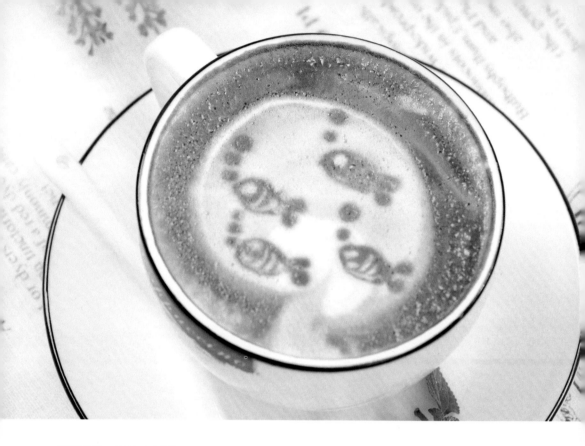

浮游的小鱼

🫘 材料
意式浓缩咖啡 1 盎司（约 30 毫升），奶泡适量

✖ 工具
竹签 1 支

☕ 咖啡物语
此款拉花咖啡简单易学，初学者可反复练习此款咖啡来打好基础。

1 将咖啡杯稍倾斜，徐徐注入奶泡。

2 左右摇晃拉花缸，让奶泡浮出液面。

3 将注入点慢慢移到边缘处，匀速注入奶泡。

4 向前渐渐推动拉花缸，微微晃动缸嘴，至杯满。

5 用竹签蘸上咖啡油脂，勾画出小鱼。

6 最后再点上气泡，鱼儿就要开始自由游动了。

1 将奶泡注入咖啡杯中,待奶泡浮出液面。

2 奶泡的流量保持不变,慢慢移动拉花缸的缸嘴至边缘处,形成桃形白圈。

3 将咖啡杯放在桌上,用竹签蘸上少许咖啡油脂,画出多个鲤鱼形状。

鲤鱼跳龙门

🍃 **材料**
意式浓缩咖啡 1 盎司(约 30 毫升),奶泡适量

✖ **工具**
竹签 1 支

☕ **咖啡物语**
此款咖啡可加入少许蜂蜜来调整口味。

4 在画面的左上方点出鱼饵。

5 在右下角滴入少许咖啡油脂作为装饰。

6 此时,鲤鱼就可以轻松地游向龙门了。

招财猫

🥄 材料
意式浓缩咖啡 1 盎司（约30 毫升），奶泡适量

🍴 工具
竹签 1 支

☕ 咖啡物语
招财猫的形象既可爱又吉利，初学者可多加练习此款咖啡的技法。

1 在咖啡杯正上方10厘米处，慢慢往杯中注入奶泡。

2 待咖啡杯内形成白色的大圆圈，慢慢向后拉动拉花缸的缸嘴。

3 缓缓减少奶泡的注入量，至杯满。

4 将咖啡杯放在桌上，用蘸了咖啡油脂的竹签流畅地勾出招财猫的外形。

5 再画出脚的形状。

6 最后轻轻勾出鼻子，可爱的招财猫就清晰地显现在杯中了。

1 将奶泡从咖啡杯的边缘处注入，顺时针晃动拉花缸的缸嘴，使咖啡杯内的奶泡成回旋状。

2 待堆积奶泡出现，迅速增加奶泡注入流量至液面全白。

3 将蝴蝶形模具紧贴杯口放置，取撒粉器轻轻摇晃出抹茶粉至蝴蝶形状出现。取走模具。

4 将巧克力酱绕着咖啡杯口径挤出圆形。

5 取竹签在巧克力酱上轻轻画出旋涡状的花。

6 就这样，美丽的蝴蝶就翩翩起舞了。

蝴蝶飞舞

🥄 材料
意式浓缩咖啡 2 盎司（约 60 毫升），奶泡、抹茶粉、巧克力酱各适量

✖ 工具
撒粉器 1 个、裱花模具（蝴蝶形）1 个，竹签 1 支

☕ 咖啡物语
这款咖啡宜选用口径较小的咖啡杯。

米妮

🍃 材料
意式浓缩咖啡 1 盎司（约
30 毫升），奶泡适量

🍴 工具
竹签 1 支

☕ 咖啡物语
此款咖啡的奶泡可制作得
略微粗糙一些，可使画面
显得更为可爱。

1 将奶泡注入咖啡
杯内。

2 将拉花缸的缸嘴左
右小幅度地晃动，
使奶泡出现樱桃的
形状。

3 保持注入动作，至
杯满。

4 用竹签蘸取咖啡油
脂，画出米妮的五
官和发饰。

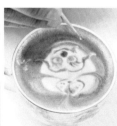

5 再轻轻拉出帽子的
边界。

6 最后点缀上一朵小
花，可爱的米妮就
绽放出笑容了。

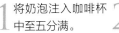

1 将奶泡注入咖啡杯中至五分满。

2 将拉花缸缓缓向后撤离并左右甩动缸嘴，至液面边缘处，注入奶泡。

3 再将拉花缸顺着液面奶泡纹路的中心线向前勾回。

凤舞九天

4 保持奶泡的注入速度，并使缸嘴向右侧快速地偏离，拉出一条连接线，再次慢慢向后移动拉花缸并轻微甩动缸嘴。

5 将拉花缸快速地往回勾，再使奶泡的第二条纹路露出淡淡的鱼钩形状。

6 用竹签点上眼睛，凤舞九天的图案就呈现于杯中了。

🫘 **材料**
意式浓缩咖啡 1 盎司（约 30 毫升），奶泡适量

✂ **工具**
竹签 1 支

☕ **咖啡物语**
制作此款咖啡要正确掌握好两次甩动缸嘴的力度。

大白鲨

🥄 材料

意式浓缩咖啡 1 盎司（约 30 毫升），奶泡适量

✂ 工具

竹签 1 支

☕ 咖啡物语

在最后的水柱的画法上，要适当地运用咖啡油脂制造出虚实相间的水雾效果。

1 将奶泡徐徐注入咖啡杯内。

2 增大奶泡的注入量使液面堆积的奶泡成一个平面。

3 将拉花缸缓缓向咖啡杯的中心处移动，此时奶泡形成纹理清晰的圆圈。

4 向前快速推动拉花缸至液面边缘，至杯满。

5 用竹签蘸上咖啡油脂画出鲨鱼的头部和鱼尾的形态。

6 再在头顶补上喷出的水柱，就制作好了这款咖啡。

1 往咖啡杯中缓缓地注入奶泡。

2 渐渐将拉花缸向前推进，使奶泡慢慢涌出。

3 转移注入点到液面中心，加大奶泡的注入量。

松狮犬

4 这时开始甩动缸嘴，至杯满。

5 用竹签蘸上咖啡油脂，画出松狮犬的眼睛和鼻子。

6 最后点上毛孔，优雅的松狮犬的脸形就露出来了。

🫘 材料
意式浓缩咖啡 1 盎司（约30 毫升），奶泡适量

✂ 工具
竹签 1 支

☕ 咖啡物语
此款咖啡在甩动缸嘴时要讲求手腕的阴柔力度。

欢喜猪

🍃 材料
意式浓缩咖啡 1 盎司（约30 毫升），奶泡适量

🍴 工具
竹签 1 支

☕ 咖啡物语
这款咖啡的图案充满乐趣，适合给好朋友品尝。

1 将咖啡杯稍倾斜，徐徐将奶泡注入咖啡杯中。

2 奶泡的流量慢慢加大，继续保持杯子倾斜。

3 减小奶泡的流量，同时将缸嘴向前方缓缓移动，轻轻晃动杯子。

4 用竹签蘸上咖啡油脂，在奶泡的表面画上猪鼻子和猪鼻孔。

5 继续画上眼睛，并在奶泡的表面一角轻轻地拨开个口子。

6 沿着奶泡的边缘画出四条腿，欢喜猪就完成了。

1 将奶泡慢慢从咖啡杯的中心点注入，直至出现白点。

2 放缓奶泡的注入流量，至五分满。

3 再慢慢倾斜拉花缸，注入奶泡至液面全白。

4 将企鹅形模具用夹子夹住，盖在咖啡杯上，取撒粉器轻轻抖出抹茶粉。

5 图案形成后，取下模具待奶泡稍冷。

6 将奶泡挤在咖啡勺上，用吧勺轻轻拨进咖啡杯中，企鹅就向你问好了。

笨重的企鹅

🍃 材料

意式浓缩咖啡 2 盎司（约 60 毫升），奶泡、抹茶粉各适量

✂ 工具

撒粉器、裱花模具（企鹅形）、夹子各 1 个，吧勺、咖啡勺各 1 把

☕ 咖啡物语

制作此款咖啡时需要绵密度高、细腻度好的奶泡。

小鸭

🌿 材料
意式浓缩咖啡1盎司（约30毫升），奶泡适量

✕ 工具
咖啡勺1把，温度计1支

☕ 咖啡物语
制作此款咖啡，要注意缸嘴的推动力度，向前推动时力度不能过大。

1 将拉花缸贴近咖啡杯，徐徐将奶泡注入咖啡杯中。

2 继续在原注点注入奶泡，向前推动缸嘴。

3 将缸嘴移至咖啡杯的边缘处，轻微晃动使图案产生。

4 用咖啡勺将奶泡盛在液面上，形成小鸭的大体轮廓。

5 取温度计，蘸上咖啡油脂画出眼睛。

6 再画出鸭掌，图案就形成了，可在边缘点些小花装饰。

1 将咖啡杯倾斜15°，使拉花缸贴近咖啡杯。

2 从咖啡杯的边缘处缓缓注入奶泡至七分满。

3 注入点移至咖啡杯的中心处，加大注入流量并开始左右摆动。

4 将缸嘴从咖啡杯的中心移到杯边，形成水波纹形状。

5 放平咖啡杯，将缸嘴移动到咖啡杯边缘处，然后向中心点移动使图案受到拉动。

6 迅速收掉奶泡，海螺的图案就形成了。

海螺

🥄 **材料**

意式浓缩咖啡 1 盎司（约30 毫升），奶泡适量

🍲 **咖啡物语**

此款咖啡属半叶拉花，与全叶拉花的区别在于奶泡的注入。半叶拉花的奶泡要沿咖啡杯的一侧注入，而全叶拉花的奶泡要铺满液面。

可爱的金毛犬

🥄 **材料**

意式浓缩咖啡 1 盎司（约 30 毫升），奶泡适量

✂ **工具**

竹签 1 支

☕ **咖啡物语**

初学者也可以将图画改成自己喜爱的宠物形象。

1 将咖啡杯倾斜约13°，在咖啡杯的边缘处注入奶泡。

2 当出现奶泡的堆积痕迹后，向前慢慢推动拉花缸。

3 稍稍加大奶泡的注入量。

4 匀速保持注入量至五分满。

5 待奶泡在液面上的面积慢慢扩大，渐渐放平咖啡杯。

6 满杯后将咖啡杯放置在桌上。

7 用竹签蘸上适量的咖啡油脂，勾出狗的眼睛。

8 再圈出鼻子。

9 最后画上嘴巴和长长的舌头。

10 这款咖啡就制作好了。

1 将奶泡徐徐注入咖啡杯中。

2 移动注入点到液面的中心注入奶泡。

3 动作保持不变,待奶泡涌现出来。

4 慢慢减少奶泡的注入量,至杯满。

5 用竹签蘸上少许咖啡油脂,画上眼睛和鼻子。

6 用另一支竹签蘸取奶泡滴在脸部下方处。

7 画出猫爪。

8 再补上耳朵。

9 最后用蘸了咖啡油脂的竹签,画上胡须和额头上的蝴蝶结。

10 这样逗笑的猫脸图案就形成了。

逗笑的猫脸

🥄 材料
意式浓缩咖啡 1 盎司(约 30 毫升),奶泡适量

✂ 工具
竹签 2 支

☕ 咖啡物语
用于描绘猫爪的奶泡分量要掂量好,过多的话会影响画面美观。

1 将奶泡从咖啡液面的右侧徐徐注入。

2 上下拉动拉花缸，使奶泡向杯的边缘处堆积。

3 加快奶泡的注入速度至杯子五分满。

4 缩小拉花缸的缸嘴与咖啡液面的距离，匀速注入奶泡。

5 渐渐减少奶泡的注入量，咖啡杯满后迅速撤离拉花缸。

6 用竹签蘸上奶泡，在液面上圈出长颈鹿的侧面形体。

7 再画出大大的耳朵。

8 轻轻地点上眼睛。

9 再拉出腿部。

10 最后在画面上加以少许小草点缀，可爱的长颈鹿就可以悠闲地散步了。

可爱的长颈鹿

材料

意式浓缩咖啡 1 盎司（约 30 毫升），奶泡适量

工具

竹签 1 支

咖啡物语

小草上也可滴入少许猕猴桃果露，色泽会更鲜艳。

毛毛熊

🌿 **材料**

意式浓缩咖啡 1 盎司（约 30 毫升），奶泡适量

✂ **工具**

咖啡勺 1 把，画笔 1 支

☕ **咖啡物语**

用画笔勾熊毛的力度不能太大，以免影响图案的整体效果。

1 将咖啡杯倾斜约 25°，从咖啡杯的中心处缓缓注入奶泡。

2 保持原注点，加大注入流量。

3 至杯满时减小注入流量且放平咖啡杯。

4 用咖啡勺将奶泡盛在液面上。

5 继续盛出奶泡，形成图案。

6 用画笔在头部以画椭圆形的方式勾出熊毛。

7 继续以此方法勾出身体和脚上的熊毛。

8 用画笔蘸上咖啡油脂，在脸部画出鼻子。

9 再用咖啡油脂画上眼睛。

10 最后，在身体部位画上几点，毛毛熊的图案就完成了。

相恋的鸟

🥄 材料
意式浓缩咖啡 1 盎司（约 30 毫升），奶泡适量

✂ 工具
竹签 1 支

☕ 咖啡物语
与心爱的人一起来品尝这款咖啡，更能增强彼此间的幸福感。

1 将奶泡缓缓注入咖啡杯中。

2 向后慢慢移动拉花缸，直至奶泡的面积扩大。

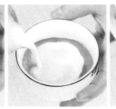

3 压低拉花缸的缸嘴，将咖啡油脂挤成外环形圆圈。

4 匀速注入奶泡至杯满。

5 用竹签蘸上少许咖啡油脂，轻轻地在奶泡上勾出两只鸟的外形。

6 再画上眼睛、脚和树干。

7 再画出鸟的嘴。

8 在树干上拉出旁枝。

9 点上几颗心。

10 最后勾勒出鸟的翅膀，相恋之情就跃然于液面上了。

1 将奶泡徐徐注入咖啡杯中。

2 抬高拉花缸，将奶泡着重地冲入咖啡油脂的下方。

3 稍稍收住奶泡的流量，将注入点转移到液面右侧。

4 待奶泡痕迹沉没，慢慢注入至杯满。

5 用竹签蘸取奶泡，画出树干。

6 再轻轻地点上几片叶子。

7 再描绘出旁枝。

8 在枝干上轻轻拉出鸟的轮廓线。

9 在鸟的上方处圈出光芒四射的太阳。

10 最后用竹签蘸上少许咖啡油脂，点上鸟的眼睛就完成这款咖啡了。

报喜鸟

🥄 **材料**

意式浓缩咖啡1盎司（约30毫升），奶泡适量

✂ **工具**

竹签1支

☕ **咖啡物语**

奶泡在冲入时若能左右甩动拉花缸的缸嘴，效果会更好。

1 咖啡杯倾斜，将奶泡注入杯中。

2 动作保持不变，直至堆积的奶泡浮出液面。

3 将拉花缸沿着弧形轨迹推进并甩动缸嘴。

4 放平咖啡杯，移动注入点到液面边缘，继续注入奶泡。

5 将拉花缸向液面右侧移动。

6 此时渐渐甩动拉花缸的缸嘴，至杯满。

7 用竹签在奶泡上流畅地拉出一条细线。

8 再将竹签蘸上咖啡油脂，画出鸟头和眼睛。

9 用咖啡勺舀出少许奶泡，滴在鸟头的左上方处。

10 最后用竹签勾出花瓣，一幅蜂鸟采蜜的图画就描绘出来了。

采蜜的蜂鸟

🫘 **材料**
意式浓缩咖啡 1 盎司（约 30 毫升），奶泡适量

✂ **工具**
竹签 1 支，咖啡勺 1 把

☕ **咖啡物语**
此款咖啡对奶泡细腻度的要求比较高。

小鸭子

🥄 材料
意式浓缩咖啡 1 盎司（约 30 毫升），奶泡适量

✂ 工具
竹签 1 支

☕ 咖啡物语
此款咖啡拉花的重点在于形成鸭子的身体部分。

1 将咖啡杯倾斜 30°，使拉花缸紧贴咖啡杯，注入奶泡。

2 保持注入速度不变，注入点朝咖啡杯的中心移动。

3 继续移动注入点注入奶泡。

4 固定注入力度和注入点，持续注入奶泡。

5 减缓注入速度，让奶泡逐渐形成两个半圆形。

6 用竹签蘸取奶泡开始绘制图案。

7 画出小鸭子的嘴形。

8 用竹签蘸取奶泡，画出小鸭子的嘴和脚。

9 用竹签蘸取咖啡油脂，画出小鸭子的眼睛。

10 图案完成，稍加修饰即可。

Chapter 4

拉花咖啡
风景篇

此部分涉及的内容很广，
包括古今中外的建筑、旅游胜地
和一些自然清新的花草形态。
不仅可以大饱眼福，
而且还能通过大量的拉花实践
使你掌握更高的拉花技巧。

春雨绵绵

🍴 材料
意式浓缩咖啡 1 盎司（约 30 毫升），奶泡适量

✂ 工具
竹签 1 支

☕ 咖啡物语
品尝时最好不要加糖，否则会影响这款咖啡的香醇度。

1 将奶泡徐徐注入咖啡杯内。

2 左右晃动拉花缸的缸嘴，至五分满。

3 移动注入点，集中地在液面中心注入奶泡，至杯满。

4 待奶泡上涌，用竹签拉出云朵的层次并点上雨滴。

5 细致地修饰云朵的外形。

6 这样就完成这款咖啡的制作了。

1 将咖啡杯稍微倾斜，注入奶泡。

2 同时移动咖啡杯与拉花缸，使注入点转到咖啡杯的另一边缘处。

3 此时再慢慢地放平咖啡杯，让堆积的奶泡出现在液面中心。

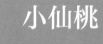

小仙桃

🥄 **材料**

意式浓缩咖啡1盎司（约30毫升），奶泡适量

☕ **咖啡物语**

拉花缸在收尾时不可用力过猛，以免破坏液面的整体性。

4 当奶泡的面积扩大时，开始微微摇晃拉花缸的缸嘴。

5 将拉花缸缓缓拉回至原注点，等堆积的白点出现。

6 迅速上翘拉花缸的缸嘴，使奶泡如细丝一般向前倾泻，桃子至此就完美地呈现了。

美丽的可可树

🫘 **材料**
意式浓缩咖啡1盎司（约30毫升），奶泡适量

✂ **工具**
竹签1支，咖啡勺1把

☕ **咖啡物语**
用暗红色的果露给图案中的太阳上色，画面会更美观。

1 将奶泡徐徐注入咖啡杯中。

2 加快奶泡的注入速度至八分满。

3 将咖啡杯放在桌面上，用咖啡勺从拉花缸中轻轻地拨出奶泡，淋在杯中。

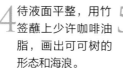

4 待液面平整，用竹签蘸上少许咖啡油脂，画出可可树的形态和海浪。

5 再轻轻地写上英文。

6 最后用竹签滴上适量的咖啡油脂变作太阳，风景就更加美丽动人了。

1 将咖啡杯微倾，使拉花缸距离咖啡杯10厘米左右，注入奶泡。

2 将拉花缸慢慢移至咖啡杯边缘，保持注入奶泡。

3 继续注入奶泡。

4 注入奶泡至杯满。

5 取脚丫模具放在咖啡杯上方，撒上巧克力粉，形成图案。

6 将模具移到另一侧，撒巧克力粉，形成另一个脚丫图案，取走模具即可。

夏威夷海滩

🥄 材料
意式浓缩咖啡1盎司（约30毫升），奶泡、巧克力粉各适量

✂ 工具
撒粉器1个，裱花模具（脚丫形）1个

☕ 咖啡物语
想让奶泡在咖啡表面呈现九分白的状态，在注入奶泡时，就需稍微用力一些。

山水画

🍃 **材料**
意式浓缩咖啡 1 盎司（约 30 毫升），奶泡适量

✂ **工具**
竹签 1 支，咖啡勺 1 把

☕ **咖啡物语**
绘此幅画时要注意表现出线条的流畅与写意特点。

1 咖啡杯倾斜，将奶泡徐徐注入杯中。

2 保持动作不变，至五分满。

3 放平咖啡杯，待奶泡浮现出来时，迅速放缓奶泡的注入速度。

4 将咖啡杯放置于桌上，用咖啡勺舀出奶泡，整平液面。

5 用竹签蘸取咖啡油脂，画上连绵的山峰。

6 再用河流、阳光、归鸿加以衬托，一幅寓意高远的画面就展现在咖啡杯中了。

1 将奶泡徐徐倒入咖啡杯中。

2 上下移动拉花缸，使奶泡在液面底下回旋。

3 将注入点移到液面边缘，使杯子的边缘出现连续的环形圈。

4 用咖啡勺舀出奶泡，滴在杯中。

5 用竹签仔细地修整出樱桃的形状。

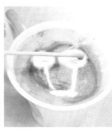

6 最后用竹签蘸取适量的草莓果露为樱桃上色，就完成这款咖啡了。

小樱桃

🥜 材料
意式浓缩咖啡 1 盎司（约 30 毫升），奶泡、草莓果露各适量

✄ 工具
竹签 1 支，咖啡勺 1 把

☕ 咖啡物语
调制鲜奶时，最好将鲜奶的温度控制在 65℃ 左右。

葫芦

🥄 材料
意式浓缩咖啡 1 盎司（约 30 毫升），奶泡适量

🍴 工具
竹签 1 支，咖啡勺 1 把

☕ 咖啡物语
制作此款咖啡，要选用浓一些的奶泡，图案效果会更好。

1 将奶泡匀速地注入咖啡杯的中心。

2 加大流量，继续注入。

3 将奶泡着重倾注在咖啡杯的中央，至杯九分满。

4 用咖啡勺把奶泡滴在液面上。

5 取竹签蘸上咖啡油脂，画出葫芦蒂。

6 沿着葫芦蒂继续画出小葫芦藤，就出现葫芦的图案了。

小盆景

1 将奶泡注入咖啡杯中。

2 将拉花缸朝右手边方向拉至液面边缘。

3 稍稍下沉拉花缸的缸嘴，使奶泡的浮现面积扩大。

4 将缸嘴上翘，快速向前收住奶泡流量。

5 用竹签画上花盆，再用奶泡修出花盆的底座。

6 再在花盆上画出枝干和叶子，就可以享受早起的朝阳了。

🍃 材料
意式浓缩咖啡 1 盎司（约 30 毫升），奶泡适量

🍴 工具
竹签 1 支

☕ 咖啡物语
惬意的风景与美味的咖啡同在，静心去品尝吧！

枫叶韵律

🍴 材料
意式浓缩咖啡2盎司（约30毫升），奶泡、抹茶粉、巧克力酱各适量

✕ 工具
撒粉器、裱花模具（枫叶形）各1个，竹签1支

☕ 咖啡物语
制作此款咖啡宜选用研磨精细的咖啡粉来萃取咖啡。

1 将咖啡杯平放在桌上，缓缓注入奶泡。

2 待咖啡液面出现白点时，加大奶泡的注入流量，使奶泡占满杯口。

3 将模具罩在咖啡杯上，均匀地撒上抹茶粉。

4 待枫叶形状出现，取走模具。用巧克力酱在叶茎下方画出弧线。

5 最后用竹签轻轻地在巧克力酱上划出回纹状。

6 有着朦胧秋意的加拿大枫叶就出现在你的眼前了。

1 将咖啡杯微微倾斜，徐徐注入奶泡。

2 慢慢提升拉花缸，至白点扩大。

3 持续注入奶泡至五分满。

4 降低拉花缸，往回拉出白线至液面呈白色。

5 将模具盖在杯上，再取撒粉器放在模具上方处，轻轻拍打巧克力粉至图像完全形成。取走模具。

6 就这样，雨后的小蘑菇就向你摇头了。

雨后的蘑菇

🫘 材料
意式浓缩咖啡2盎司（约60毫升），奶泡、巧克力粉各适量

✂ 工具
撒粉器、裱花模具（蘑菇形）各1个

☕ 咖啡物语
初学者可选用其他的模具来练习这款咖啡中的技巧。

浪漫秋叶

🥄 材料
意式浓缩咖啡1盎司（约30毫升），奶泡适量

☕ 咖啡物语
叶片的拉花最关键是掌握好使图案成形的技巧。

1 取浓缩咖啡1盎司、奶泡适量。

2 使拉花缸紧贴咖啡杯边缘，注入奶泡。

3 将拉花缸往前推进，持续注入奶泡。

4 待注入五分满时，注入点由边缘往中心移动。

5 晃动缸嘴，让奶泡呈现水波纹状。

6 待奶泡注入至九分满时，由中心往回向边缘移动，形成竖纹。

7 注入奶泡至杯满即可。

8 一幅充满浪漫气息的叶片图就显示出来了。

1 取浓缩咖啡1盎司，奶泡适量。

2 将拉花缸紧贴咖啡杯边缘，注入奶泡。

3 将注入点逐渐向中心移动。

4 注入奶泡至杯满，奶泡在咖啡表面呈现九分白的状态。

5 用巧克力酱在中心画出圆圈。

6 画出流畅的曲线。

7 用温度计划过巧克力酱线条。

8 颇具异域风情的建筑模型就被勾画出来了。

俄罗斯风情

🖌 **材料**
意式浓缩咖啡1盎司（约30毫升），奶泡、巧克力酱各适量

✂ **工具**
温度计1支，挤酱笔1支

☕ **咖啡物语**
这款咖啡在勾画曲线时，粗线条更能体现出韵味。

1 取浓缩咖啡1盎司，奶泡适量。

2 将拉花缸贴近咖啡杯边缘，缸嘴左右晃动注入奶泡。

3 将缸嘴缓缓前移，使奶泡呈现心形。

4 在心形尾巴处，继续注入奶泡。

5 小幅度晃动缸嘴，形成波纹。

6 将缸嘴前移至杯子边缘，迅速收住。

7 用竹签蘸少许奶泡，点于咖啡液上即可。

8 雪花飞舞，让热咖啡也透着凉爽的味道。

雪花飞舞

🖊 **材料**
意式浓缩咖啡 1 盎司（约 30 毫升），奶泡适量

✕ **工具**
竹签 1 支

☕ **咖啡物语**
将叶片与心形融合制作出的拉花咖啡，难度稍高，可多练习几次。

心花怒放

🥄 材料
意式浓缩咖啡 2 盎司（约60 毫升），奶泡、巧克力酱各适量

🍴 工具
温度计 1 支

☕ 咖啡物语
如果想要植物的叶片更丰富，在拉花时，可减小奶泡的流注。

1 将咖啡杯微倾，使拉花缸贴近咖啡杯，注入奶泡。

2 保持注入速度，将咖啡杯缓缓放平。

3 将缸嘴下压，流注加大。

4 注入奶泡至九分满时，开始晃动缸嘴。

5 此时，奶泡在咖啡油脂上呈波浪形。

6 用巧克力酱淋出弧线。

7 用温度计在巧克力酱上画出回纹状图案。

8 再用温度计轻轻划过波浪形图案，就完成了整幅心花怒放的图案。

清芬的穗花

🌿 **材料**

意式浓缩咖啡 1 盎司（约 30 毫升），奶泡适量

✂ **工具**

竹签 1 支

☕ **咖啡物语**

穗花轻盈飘动，带来的不仅是飘逸，还有品尝咖啡后的愉悦。

1 将咖啡杯微微倾斜，选择杯的左侧边作为注入点。

2 将奶泡缓缓注入咖啡杯。

3 加快奶泡的流动量，使奶泡涌现出来。

4 此时轻微晃动拉花缸的缸嘴，使奶泡沿着杯壁形成半圆的穗花形态。

5 在杯的右侧重新注入奶泡至八分满。

6 再次晃动拉花缸的缸嘴，并将拉花缸渐渐向后移动，并慢慢扶正咖啡杯。

7 将拉花缸的缸嘴移动到杯子的边缘处即完成了奶泡的注入。

8 用竹签在右侧的纹路中间拉出茎线，清香四溢的穗子就饱满地绽放出花朵了。

1 将咖啡杯倾斜16°，从咖啡杯的中心点注入奶泡。

2 将拉花缸向后拉动至杯边缘处。

3 再向前迅速移动拉花缸，加大奶泡的流量，冲入奶泡。

4 此时液面出现奶泡涌出现象，再大幅度地左右甩动拉花缸的缸嘴，使奶泡散开。

5 将拉花缸缓缓地向后移动，并减小幅度地甩动缸嘴，形成叶片。

6 待拉花缸至液面边缘处时减少奶泡的注入量，与此同时，慢慢扶正咖啡杯。

7 这时要找准叶片的中心线，迅速上翘拉花缸的缸嘴，叶片就被完美地贯穿起来了。

8 最后用竹签点上漫天闪闪的星星，无尽的浪漫就等着你去享受了。

浪漫夜空

🌿 **材料**
意式浓缩咖啡 1 盎司（约 30 毫升），奶泡适量

🍴 **工具**
竹签 1 支

☕ **咖啡物语**
找个浪漫的地方来享受这款咖啡，更能体悟咖啡的魅力。

1 将咖啡杯摆正，轻轻抖动拉花缸。

2 从中心点缓缓地注入奶泡。

3 上下拉动拉花缸，使奶泡上下翻转。

4 待液面中心出现白点，慢慢放低拉花缸。

5 待中心冒出奶泡圈。

6 再用竹签将圈分成三份。

7 最后在圈的边界上，勾出花边。

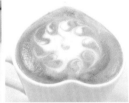

8 这样就完成这款咖啡了。

太阳神

材料
意式浓缩咖啡 1 盎司（约 30 毫升），奶泡适量

工具
竹签 1 支

咖啡物语
此款咖啡的奶泡可以制作得略微厚重一些，更有艺术感。

美丽心情

🥄 材料
意式浓缩咖啡 1 盎司（约 30 毫升），奶泡适量

✂ 工具
竹签 1 支，咖啡勺 1 把

☕ 咖啡物语
此幅图画简洁清新，是学习拉花咖啡的入门首选。

1 将奶泡徐徐注入咖啡杯中。

2 移动注入点至液面的边缘。

3 保持奶泡的注入量至八分满。

4 放缓奶泡的注入速度至杯满。

5 将咖啡杯放在桌上，用咖啡勺盛取少许奶泡，滴在液面上。

6 用竹签从各个奶泡的中心处轻轻地拉出一条细线。

7 再在每滴奶泡的下方画上线条。

8 最后在液面的空白处点出几个小点，这时喝咖啡的心情便顿时开朗了。

樱花

🍃 材料

意式浓缩咖啡 2 盎司（约 60 毫升），草莓果露、奶泡各适量

🍴 工具

咖啡勺 1 把，竹签 1 支

☕ 咖啡物语

樱花绚烂，配上雪白的奶泡更显浪漫气息。

1 将咖啡杯小幅度地倾斜，使奶泡匀速注入咖啡杯中。

2 在原注点继续注入。

3 加大注入流量，将咖啡杯慢慢持平。

4 至咖啡杯八分满后，液面有奶泡的堆积痕迹。

5 用咖啡勺将奶泡盛在液面上至杯满。

6 取竹签蘸上咖啡油脂，在奶泡上画出树干和树枝。

7 用竹签蘸上草莓果露，在右侧树枝上点上小点。

8 继续在另外的树枝上点上小点，就形成樱花图案了。

1 从10厘米的高度匀速地注入奶泡至咖啡杯中。

2 继续向原注点注入奶泡,缸嘴开始沿逆时针方向绕圈。

3 保持同样的动作与高度继续注入奶泡,缸嘴上翘。

4 改变原注点,降低拉花缸的高度,继续注入奶泡至杯满。

5 取竹签蘸上奶泡,开始拉上蒙古包的轮廓。

6 沿着轮廓拉出草坪、鹰和包顶。

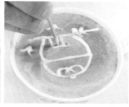

7 用竹签再次蘸上奶泡画出包门。

8 最后,画上门帘就形成图案了。

美丽的蒙古包

🥄 **材料**
意式浓缩咖啡1盎司(约30毫升),奶泡适量

✖ **工具**
竹签1支

☕ **咖啡物语**
这款咖啡制作简单,适合初学者练习。

香草小屋

🥜 材料

意式浓缩咖啡 1 盎司（约 30 毫升），奶泡适量

✂ 工具

竹签 1 支

☕ 咖啡物语

制作此款咖啡，可尽情发挥想象力，创造出自己的特色。

1 从咖啡杯的中心点缓缓地注入奶泡。

2 轻轻晃动缸嘴，沿逆时针的方向匀速注入奶泡。

3 保持注入奶泡的速度和高度。

4 稍微降低拉花缸，从咖啡杯中心点注入。

5 用竹签蘸上奶泡在液体表面画出一个房子。

6 在房子的上方画出圆圈。

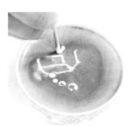

7 在房前画出小草和花朵。

8 再给房子画上两扇门，香草小屋就出现了。

伦敦烟雨

◆ 材料
意式浓缩咖啡1盎司（约30毫升），奶泡适量

✖ 工具
竹签1支，咖啡勺1把

☕ 咖啡物语
品尝这杯咖啡，会不会有漫步烟雨伦敦的心境？

1 将咖啡杯微微倾斜，取拉花缸旋转注入奶泡。

2 使奶泡的注入速度稍稍加快，同时将咖啡杯向水平方向缓缓移动（保持倾斜）。

3 保持注入动作和注入点，同时放平咖啡杯。

4 继续注入奶泡至杯满。

5 用咖啡勺在拉花缸中取奶泡，点于咖啡上。

6 将竹签从奶泡中央拉出一条细线。

7 用竹签取奶泡再点上小气球。

8 用竹签点少量奶泡于咖啡上，形成水滴状图案。

1 将咖啡杯微微倾斜，使拉花缸距离咖啡杯10厘米左右，旋转注入奶泡。

2 慢慢放平咖啡杯，注入奶泡至杯满。

3 用竹签点奶泡，开始勾勒图案。

4 绘制线条，形成城堡的轮廓。

5 绘制点状图案，点缀城堡。

6 用竹签勾勒云朵。

7 开始画海鸥图案。

8 继续画完飞翔的海鸥图案即可。

圣保罗

🥄 材料
意式浓缩咖啡 1 盎司（约 30 毫升），奶泡适量

✖ 工具
竹签 1 支

☕ 咖啡物语
手绘咖啡图案，制作简单，而且变化无穷。

1 将咖啡杯微微倾斜，使拉花缸距离咖啡杯约20厘米，注入奶泡。

2 将咖啡杯慢慢放平，使拉花缸下移，逐渐贴近咖啡杯边缘，加大力度注入奶泡至杯满。

3 用竹签蘸取奶泡，绘制风车轮廓。

4 绘制出完整的风车形状。

5 用奶泡勾勒小圆圈，点缀风车。

6 简单描绘远处的风车轮廓。

7 勾勒线条以丰富图案。

8 最后在咖啡液右下角简单勾勒出风车图案即可。

荷兰风车

🍃 **材料**

意式浓缩咖啡 1 盎司（约30 毫升），奶泡适量

✖ **工具**

竹签 1 支

☕ **咖啡物语**

在描绘图案时，笔法越细致，图案越精致。

圣彼得堡

🍃 **材料**
意式浓缩咖啡1盎司（约30毫升），奶泡适量

✂ **工具**
竹签1支

☕ **咖啡物语**
咖啡豆的最佳利用期为炒后一周，此时的咖啡豆最新鲜，香味口感的表现最佳。

1 将咖啡杯微微倾斜，使拉花缸距离咖啡杯10厘米左右，注入奶泡。

2 将拉花缸缓缓上提，注入速度不变。

3 将缸嘴下压，移至咖啡中心点注入奶泡。

4 用竹签画出城堡顶部的形态。

5 勾勒出城堡的图案。

6 画出城堡的完整形态。

7 多取一点奶泡，勾勒粗线条。

8 "圣彼得堡"完成了。

教堂

🥜 材料
意式浓缩咖啡 1 盎司（约
30 毫升），奶泡适量

🍴 工具
竹签 1 支

☕ 咖啡物语
刚炒好的咖啡豆并不适合
马上饮用，应该存放一周，
以便将豆内的气体完全释
放出来。

1 将咖啡杯倾斜约
15°，使拉花缸和咖
啡杯距离15~20厘
米，匀速注入奶泡。

2 缓慢放平咖啡杯，将
拉花缸逐渐下移，贴
近咖啡杯边缘，继续
注入奶泡。

3 放平咖啡杯，使拉花
缸接触咖啡杯边缘，
注入奶泡至杯满。

4 用竹签蘸取奶泡绘制
教堂轮廓。

5 点取两滴奶泡于咖啡
液上。

6 将奶泡由中间向四周
推开。

7 蘸取奶泡勾勒教堂底
部线条。

8 完整的教堂图案就呈
现在眼前了。

1 将咖啡杯倾斜约15°，使拉花缸和咖啡杯距离15~20厘米，取咖啡的中心点匀速注入奶泡。

2 保持注入动作和注入点，持续注入奶泡。

3 慢慢放平咖啡杯，注入点由中心移至边缘，力度减弱。

4 将咖啡杯放平，使拉花缸接触咖啡杯边缘，注入奶泡至杯满。

 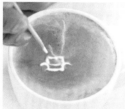 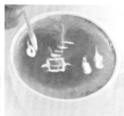 

5 用竹签蘸取奶泡开始绘制图案。

6 绘出路的形状。

7 用奶泡点出树的形态。

8 绘制完成后稍加修饰即可。

香榭丽舍大街

🫘 **材料**
意式浓缩咖啡2盎司（约60毫升），奶泡适量

✂ **工具**
竹签1支

☕ **咖啡物语**
可冲泡出美味咖啡的咖啡豆，首先必须是豆大肥美，而且皱褶均匀，其次需大小一致且无色无斑。

1 将拉花缸贴近咖啡杯沿，注入奶泡。

2 慢慢拉高拉花缸，持续匀速地注入奶泡。

3 保持注入点及注入力度，注入奶泡。

4 注入奶泡至杯满。

5 用竹签在咖啡液中心点奶泡，开始绘制图案。

6 绘制船的轮廓。

7 画出完整的船的轮廓。

8 用奶泡稍加修饰即可。

加勒比海

✎ 材料
意式浓缩咖啡 1 盎司（约 30 毫升），奶泡适量

✄ 工具
竹签 1 支

☕ 咖啡物语
最理想的蒸汽奶泡，泡沫极其柔细，口感顺滑，浓稠而具厚实感。

巴黎春天

🥄 材料
意式浓缩咖啡 1 盎司（约 30 毫升），奶泡适量

✂ 工具
竹签 1 支

☕ 咖啡物语
在此咖啡上作画的奶泡不要过稀，可适当绵密一些，较易成型。

1 使拉花缸贴近咖啡杯，从咖啡杯的中心点匀速注入奶泡。

2 继续在原注点注入奶泡。

3 保持注入的动作和速度，待奶泡和咖啡融合至九分满时迅速收掉奶泡。

4 将咖啡杯放在桌上。

5 取竹签蘸上奶泡定好位置。

6 用竹签勾勒出水波的样子。

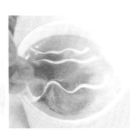

7 再用竹签画出远方的小山。

8 最后，画出太阳，就形成完整的图案了。

热气球

🥄 **材料**

意式浓缩咖啡 1 盎司（约30 毫升），奶泡适量

🍴 **工具**

竹签 1 支

☕ **咖啡物语**

这款咖啡需要用旅行者的心态去细细品尝。

1 将咖啡杯稍稍倾斜，徐徐倒入奶泡。

2 上下移动拉花缸，使奶泡下沉至杯底。

3 保持注入速度，慢慢放低拉花缸，同时轻轻地扶正咖啡杯。

4 将咖啡杯放在桌上。

5 用蘸了奶泡的竹签画出小的气球。

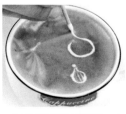

6 在左下角画出第二个气球。

7 再勾出第三个气球的轮廓，并在其上画上花纹。

8 最后加以少许云彩衬托，热气球就可以自由翱翔了。

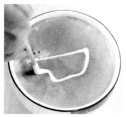

1 使咖啡杯与拉花缸距离约5厘米，将缸嘴顺时针晃动，缓缓注入奶泡至咖啡杯中。

2 抬高拉花缸，一直匀速注入奶泡至七分满。

3 取竹签蘸上奶泡，在液体的表面画出车底。

4 用竹签再蘸上奶泡继续画出车身。

5 快速地拉出车轮。

6 用竹签再蘸上奶泡，画上第一个车窗。

7 连续画上第二、第三个车窗。

8 最后，画上宽宽的马路，图案就形成了。

老爷车

🥄 材料
意式浓缩咖啡1盎司（约30毫升），奶泡适量

✖ 工具
竹签1支

☕ 咖啡物语
这款咖啡大气、华贵，适合事业成功、爱情稳固的人们品尝。

1 在咖啡杯中缓缓注入奶泡。

2 慢慢拉高拉花缸，以奶泡注入杯中至五分满。

3 移动注入点到杯的中心处，减缓奶泡的注入速度，待杯子满后将其慢慢放置在桌上。

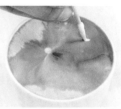

4 用竹签蘸上奶泡，勾出咖啡杯的轮廓。

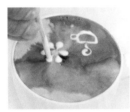

5 再滴上几滴奶泡，向内描绘出六瓣雪花的特写。

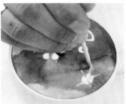

6 再在液面左上角画上第二朵雪花。

7 在右下角画出一道波浪纹。

8 点上几朵小的雪花，缤纷绚烂的咖啡世界就出现了。

下雪的季节

✿ 材料
意式浓缩咖啡 1 盎司（约 30 毫升），奶泡适量

✂ 工具
竹签 1 支

☕ 咖啡物语
在雪景中品尝咖啡，会别具一番风味。

圣诞树

🫘 材料
意式浓缩咖啡2盎司（约60毫升），巧克力酱、奶泡各适量

✂ 工具
咖啡勺1把，竹签1支

☕ 咖啡物语
眼前是一片童话般的冰雪世界，耳边似乎响起了阵阵清脆悦耳的鹿铃声，让人遐想无限。

1 使拉花缸贴近咖啡杯，匀速将奶泡注入咖啡杯中。

2 慢慢抬高拉花缸，继续注入奶泡。

3 再抬高拉花缸，不改变原注点继续注入。

4 杯满时，迅速提起奶泡。

5 用咖啡勺把奶泡盛在液面上。

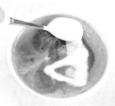

6 继续盛奶泡，形成树的基本轮廓。

7 沿树的轮廓用巧克力酱勾画边缘。

8 用竹签蘸上奶泡，沿着液体边缘点上装饰，图案就形成了。

醉翁亭

材料
意式浓缩咖啡1盎司（约30毫升），奶泡适量

工具
竹签1支

咖啡物语
将咖啡豆放在冰箱内保存会使咖啡豆中残留的水分凝结，从而损害了咖啡的味道。

1 将咖啡杯微微倾斜，将奶泡缓缓倒入。

2 待奶泡将咖啡挤出液面中心时，放缓奶泡的注入速度。

3 动作保持不变，至杯满。

4 用竹签蘸取少许咖啡油脂，画出亭盖。

5 再画出台阶。

6 再补上绵绵的青草。

7 点上醉翁。

8 最后勾出大雁，醉翁之意就在这杯咖啡里面了。

1 将拉花缸倾斜放置在咖啡杯的中心点上，从咖啡杯中心点匀速注入奶泡。

2 降低拉花缸的高度，加大注入流量至咖啡杯中浮现出奶泡圆点。

3 继续注入奶泡，使之与咖啡融合至八分满。

4 将缸嘴移至咖啡液体的边缘，迅速地收掉奶泡。

5 用竹签蘸上咖啡油脂，画出一片叶子。

6 继续画上另一片叶子。

7 用竹签再次蘸上咖啡油脂，点出小圆点。

8 用大小不同的力度迅速地点出圆点，草莓图案就制作完成了。

草莓

🫘 **材料**
意式浓缩咖啡 1 盎司（约 30 毫升），奶泡适量

✂ **工具**
竹签 1 支

☕ **咖啡物语**
当咖啡液面呈浓稠状时，是拉花的最好时机。

1 使拉花缸缸嘴靠近咖啡液体边缘，逆时针慢慢地注入奶泡至奶泡痕迹出现。

2 继续注入奶泡，使咖啡杯保持倾斜15°。

3 降低拉花缸的高度，继续逆时针方向注入奶泡。

4 将缸嘴上下晃动，至液体九分满时放平咖啡杯。

5 取竹签，从奶泡的边缘开始画树干。

6 继续画完树干。

7 用竹签蘸上咖啡油脂，在奶泡的边缘勾出树形。

8 画出树枝，愿望树的图案就形成了。

愿望树

🍃 **材料**

意式浓缩咖啡 1 盎司（约 30 毫升），奶泡适量

✕ **工具**

竹签 1 支

☕ **咖啡物语**

用竹签勾边时，不能停留，应迅速完成。

苹果树

🥄 **材料**

意式浓缩咖啡1盎司（约30毫升），奶泡、草莓果露各适量

✂ **工具**

咖啡勺1把，竹签1支

☕ **咖啡物语**

若改用苹果果露拉出树枝，图画就更为形象了。

1 将咖啡杯微微倾斜，徐徐地注入奶泡。

2 小幅度地晃动拉花缸，使中心出现白点。

3 持续注入奶泡至五分满。

4 加大奶泡的注入量，使奶泡上浮形成苹果树的树冠。

5 用咖啡勺舀出奶泡，拉出树干。

6 用竹签蘸上适量的草莓果露点出果实，再用竹签改蘸咖啡油脂拉出树枝。

7 用咖啡勺舀出少许奶泡，滴在苹果树的两旁。

8 最后用竹签往下轻轻一拉，两棵小苹果树就形成了。

睡莲

❤ 材料
意式浓缩咖啡 1 盎司（约 30 毫升），奶泡适量

✂ 工具
咖啡勺 1 把，竹签 1 支

☕ 咖啡物语
液面上的图画意境高远，品尝前需要细细感悟。

1 将咖啡杯微微倾斜，倒入奶泡。

2 将注入点转到液面的左侧并加大奶泡的注入量。

3 这时开始左右甩动拉花缸的缸嘴，并向后拉出荷花绽放开来的形状。

4 将拉花缸迅速地拉回来。

5 在荷花的另一侧补上纹理。

6 用竹签分出荷苞与荷花的界线。

7 再用咖啡勺舀出奶泡淋在荷花的左下方。

8 最后用竹签在滴入的奶泡上细细地描出荷叶，睡莲的形态就更加引人入胜了。

1 将拉花缸置于距咖啡杯15厘米的高度，慢慢压低缸嘴至奶泡流出。

2 再次压低缸嘴倾注至杯满，使奶泡上慢慢浮上一层淡淡的咖啡油脂。

3 用咖啡勺舀出奶泡，滴在液面上。

4 用竹签轻轻拨动奶泡，使其散开。

5 再在奶泡边缘勾勒云朵的轮廓。

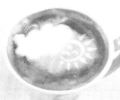

6 画上卡通一点的太阳公公。

7 最后轻轻描上打呼噜的图案。

8 这款咖啡便完成了。

雨过天晴

🥄 材料

意式浓缩咖啡 1 盎司（约 30 毫升），奶泡适量

✂ 工具

竹签 1 支，咖啡勺 1 把

☕ 咖啡物语

饮用时加入少许咖啡酒，口感更醇厚。

1 将咖啡杯稍倾斜，缓缓注入奶泡。

2 拉高拉花缸，增大奶泡流量，从液面边缘处注入。

3 保持注入点不变至杯满。

4 用竹签蘸上稍许奶泡，画上一棵椰子树。

5 再在旁边画出另一棵椰子树的叶片。

6 勾出枝干。

7 最后轻轻拉出波浪及小岛屿。

8 迎着海风摇摆的椰子树就完成了。

清凉一夏

材料
意式浓缩咖啡1盎司（约30毫升），奶泡适量

工具
竹签1支

咖啡物语
此款咖啡若选用适量的巧克力酱作为装饰会更完美。

珊瑚枝

🥄 材料
意式浓缩咖啡1盎司（约30毫升），奶泡适量

✂ 工具
竹签1支

☕ 咖啡物语
勾花边时需要使用均匀的力度。

1 将奶泡倒入咖啡杯中，至堆积的奶泡形成圆圈。

2 持续地注入奶泡至杯满。

3 用竹签蘸上咖啡油脂，勾勒出摆动的珊瑚枝干。

4 再拉出珊瑚的叶片。

5 在奶泡圈的边缘处勾出一圈花纹。

6 在珊瑚枝的下方点画出山谷的弧度。

7 最后画上慢慢悠悠游动的小鱼。

8 这样就画出了摇曳多姿的海底珊瑚枝。

图书在版编目（CIP）数据

拉花咖啡 . 1 ／ 都基成主编 . —南京：译林出版社，2017.8
（大厨请到家）
ISBN 978-7-5447-6951-8

I.①拉… II.①都… III.①咖啡 – 配制 IV.①TS273

中国版本图书馆 CIP 数据核字 (2017) 第 142291 号

拉花咖啡1　都基成 ／ 主编

责任编辑　陆元昶
特约编辑　王　锦
装帧设计　**Metis** 灵动视线
校　　对　肖飞燕
责任印制　贺　伟

出版发行　译林出版社
地　　址　南京市湖南路 1 号 A 楼
邮　　箱　yilin@yilin.com
网　　址　www.yilin.com
市场热线　010-85376701
排　　版　张立波
印　　刷　北京旭丰源印刷技术有限公司
开　　本　710 毫米×1000 毫米　1/16
印　　张　11
版　　次　2017 年 8 月第 1 版　2017 年 8 月第 1 次印刷
书　　号　ISBN 978-7-5447-6951-8
定　　价　32.80 元